服装制板与裁剪
丛书
FUZHUANG ZHIBAN YU CAIJIAN
CONGSHU

男装的制板与裁剪

NANZHUANG DE ZHIBAN YU CAIJIAN

徐 丽 主编

化学工业出版社
·北京·

本书综合了当今世界男装最流行的款式、面料色调考究，艳而不俗。

本书共分为八章，具体内容如下：第一章讲述了服装结构与打板设计概要，第二章讲述了男下装结构设计，第三章讲述了男上装结构设计，第四章讲述了三开身上衣裁剪制图，第五章讲述了男装的结构制板，第六章讲述了男装样板制作，第七章讲述了男装制板案例，共分了四十一个小节，也就是对四十一个实例进行详解。第八章讲解了特体服装裁剪。

本书适用于服装设计与剪裁专业人士或爱好者学习使用。

图书在版编目（CIP）数据

男装的制板与裁剪／徐丽主编．—北京：化学工业出版社，2013.3（2023.3重印）

（服装制板与裁剪丛书）

ISBN 978-7-122-16422-3

Ⅰ．男…　Ⅱ．徐…　Ⅲ．男服-服装量裁　Ⅳ．TS941.718

中国版本图书馆CIP数据核字（2013）第018281号

责任编辑：张　彦　　　　　　　　　文字编辑：李　曦
责任校对：吴　静　　　　　　　　　装帧设计：王晓宇

出版发行：化学工业出版社（北京市东城区青年湖南街13号　邮政编码 100011）
印　　装：北京盛通数码印刷有限公司
787mm×1092mm　1/16　印张7¾　字数176千字　2023年3月北京第1版第12次印刷

购书咨询：010-64518888　　　　　　售后服务：010-64518899
网　　址：http://www.cip.com.cn
凡购买本书，如有缺损质量问题，本社销售中心负责调换。

定　　价：28.00元　　　　　　　　　　　　　　　　版权所有　违者必究

服装制板与裁剪丛书

FUZHUANG ZHIBAN YU CAIJIAN CONGSHU

男装的
制板与裁剪

前言

FOREWORD

长期以来，在服装世界里，一直是"阴盛阳衰"，男士们翘首以待！

为了更加显示男士的风采和魅力，使世界变得更加和谐和美好，在此编辑一本男装制板与裁剪的图书。

本书综合了当今世界男装最流行的款式，博采众长，去粗取精，汇集成书，书中推出的男装，款式绝对新潮，面料色调考究，艳而不俗，朴素中见豪华和高雅，各种职业、不同气质的男士，均可在本书中找到最适合自己的服装款式面料色彩。

本书配有服装大彩图百十余幅，并附有简便易学的剪裁图。文字说明深入浅出、通俗易懂，是专业剪裁和业余剪裁者不可多得的好书。

为全面展示男士风采，本书还特意介绍了领带不同颜色服装的搭配，及西装手帕折叠法。一书在手，衣着考究，一书在手，风采尽收。

本书由徐丽主编，参加编写工作的还有刘茜、张丹、徐杨、王静、李雪梅、刘海洋、李艳严、于丽丽、李立敏、裴文贺等。

另注：因国人习惯以寸为长度单位，故本书的长度单位有厘米（cm）与寸两种表达方式，1寸＝3.33厘米。

编　者
2012年11月

男装的
制板与裁剪

■ ■ **目 录**
CONTENTS

第五章　男装的结构制板　　　　　　　　　Page 042

第六章　男装样板制作

第七章　男装制板案例

第一章

CHAPTER 1

服装结构与打板设计概要

第一节　服装结构设计依据

一、人体比例

人体比例是服装结构设计最基本的依据，一个人的体型美与不美，不在于其身材的高矮胖瘦，而在于人体各个部位之间的比例和位置的准确与协调。人体比例是指人体各部位的对比值，它既包含整体与局部之比，也包含局部与局部之比，了解和掌握人体比例对于服装结构设计来说是至关重要的。

一般来说，中国人的男、女人体比例为7～7个半头高，以头高为比例的算法是从头顶到脚跟，如图1-1所示。这里所说的人体比例主要是指18岁以上成年男女的平均身高（160～170cm）。

人体比例中的宽度比例，其长度（上肢平伸展）大致与身长相同。此外，男女人体宽度有差异：女性肩宽约为1.7～1.8个头长，男性肩宽约2个头

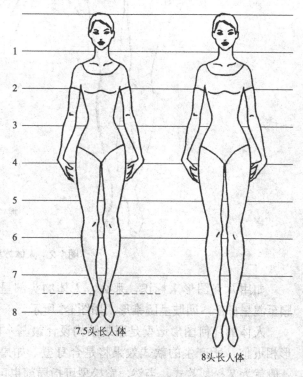

7.5头长人体

8头长人体

图1-1　人体体型比例

长；女性腰宽0.8个头长，男性腰宽0.9～1个头长；女性臀宽1.5个头长，男性臀宽1.4个头长。

二、人体体型

人体主要由四大部分组成，即头部（脑颅和面颊）；躯干（颈部、胸部和腹部）；上肢（肩部、上臂、肘部、前臂、腕部和手部）；下肢（臀部、大腿、膝部、小腿、踝部和足部），如图1-2所示。

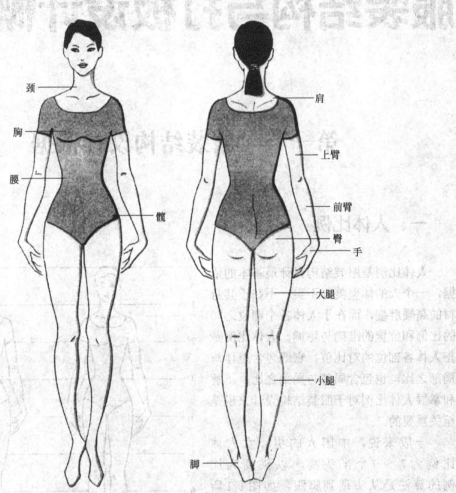

颈
胸
腰
髋
肩
上臂
前臂
臀
手
大腿
小腿
脚

图1-2　人体体型构成

如用几何图形来标识，那么，人体的头部呈椭圆形，颈部呈圆柱形，胸部呈倒梯形，腰至髋呈梯形，四肢呈圆锥形，如图1-3所示。

人体的几何图形造型是服装结构设计最基本的依据。如果服装外轮廓形与人体躯干外形相近似，所产生的款式效果将是合身型；如果服装外轮廓形与人体躯干外形反差较大，一般就为宽松型款式。当然，宽松型可指局部也可指整体造型，如图1-4所示。

图1-3　人体几何图形

图1-4　合身型和宽松型

三、男女体型比较

　　根据人的生理状况，男性和女性的体型特征有着明显的差别，无论是内涵，还是外延，都呈现出不同的美感。概括地说，男性和女性的体型区别主要在胸廓体和骨盆体部位，男性胸廓大骨盆小呈"冗"形；女性胸廓小骨盆大呈"呂"形，如图1-5所示。男性美的基本特征是直线形，而女性美的基本特征是曲形。

　　此外，由于地区差别，生活差异，人的外型也是各不相同，一般常见的体型主要有四大类，即：瘦弱型（Y形）、标准型（A形）、健壮型（B形）、肥胖型（C形），如图1-6所示。

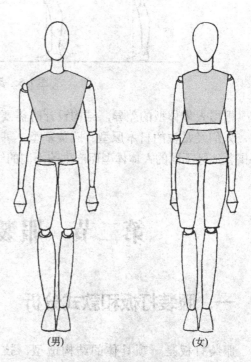

（男）　　　　　（女）

图1-5　男女体型比较

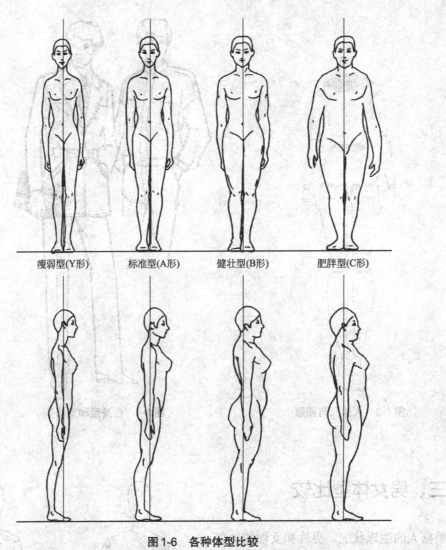

图1-6　各种体型比较

瘦弱型(Y形)　　标准型(A形)　　健壮型(B形)　　肥胖型(C形)

　　根据人体体型的差异，结构设计时需要对不同的体型设计出不同的基本样板。在行业中，人们经常说的日本原型、欧美基型、韩国原型、上海原型等结构板型，其实就是根据各国各地区不同的人体体型而产生的不同的结构造型方法。

第二节　服装打板设计方法

一、服装打板和款式分析

　　服装打板是一项具体的结构造型，技术性较强。服装打板大致可分为两种：一种为来样（成衣）打板，简称驳样。具体方法是先将样衣套在模架上测量出各部位的规格尺寸后进行平面放样，也可按款式图中所给的尺寸进行平面放样。这种打板较为简单，只要懂得服装结构设计原理和工艺流程，并套用数据就能将服装样板打出来。另一种为打板设计。即根据款式效果图自定规格和面料，并且制订出工艺单。这需要打板师具有一定的服装设计的知识，我国目前这方面的人才比较紧缺。一个称职的打板师必须既具备结构设计的能力，又要懂得款式设计的一般原理。打板师在某种意义上是款式设计的实践者和体现者，是款式设计的一种再创作。打板设计包括平面结构设计和立体结构设计，这就要求打板师不仅要熟悉平面结构的构成方法，也要熟悉立体结构的构成手法。

款式分析是一项比较细化的工作，面对服装款式效果图，打板师首先要将图稿进行服装造型分类。服装外轮廓造型可分X形、T形、H形、O形和A形，以及两型组合等，如图1-7所示。打板师要根据不同的外型制订出服装的三围之差和宽长比例，另外还要考虑面料材质、年龄、性别、服务对象等。通过款式分析，打板师可准确地选择服装号型，设立体型设计规格，并根据服装各部位结构设计的特性巧妙、合理地将人体躯干肢体等的造型和款式造型组合在一起。

图1-7　服装外轮廓造型

二、打板方法

打板就是将结构设计的原理具体运用到板型中去。打板方法有多种多样，但不论采用何种方法，服装最终出现的成形效果应该是一样的，所追求的穿着目的应该是一致的。

本书介绍的打板技术是与服装设计相吻合，根据服装设计的要求，分4个步骤逐次完成。第一，确立款式外型轮廓，定出三围尺寸及长度。第二，确立领款和转换值，设定前后肩缝角度。第三，确立袖肥，设定袖窿宽和胸背宽。第四，确立袖山斜线，设定袖窿深。这样做不仅减少了调板时间，而且能适应多种款式的结构造型和面料选用。如春夏季节的服装一般较贴身，设计师在款式中如采用无分割线造型，那么打板师就需将前后侧缝差的量合理地转换掉，这样，尽管衣片上看不到省缝的造型，但穿着上还是有较合身的效果。前衣片转换值的大小与BP（胸点或称乳点）点隆起的角度有关，并和SP（肩点）点的倾斜度也有关。笔者认为目前样板"型"的改革就是以适用各种体型为宗旨，BP点隆起角度的大小是各种体型和款式的具体表现。本书中所介绍的打板方法大都经过实样检验，是一种行之有效，易学易懂的方法。

第二章 CHAPTER 2

男下装结构设计

第一节 裤结构构成

一、男裤直裆的构成

现在，男性比较习惯将裤腰定在人体下肢腰线以下 2～3cm，这样人体屈背弯腰的活动量可增大些。男人的身高一般为 8 个头长，故直裆高就为 4/3 的头高减去 2～3cm。

二、前后裤片大小和前后窿门宽的分配

前裤片与后裤片的差别主要是以款式造型为依据，在 1/4 臀围外加或减，如做褶裥裤就要增大前腰口与前臀围的差，如做无裥裤就要缩小前腰口与臀围的差。男裤窿门宽基本按 0.16 臀计算，与女裤不同，此臀是按规格设计的。臀部丰满的人可做加法，臀部较扁的可做减法。前后窿门分配可按 1/4 比 3/4 的比例，即前窿门宽为 0.04 臀－0.2cm，胖体前窿门宽以 0.045 臀计算，如图 2-1 所示。

三、后裆起翘与后裆倾斜值的确定

由于男裤的肋缝腰口不是系在人体的腰线上，故而后腰中点往往是男性裤腰的支撑位，要使后裤腰口系在人体腰椎点中间就必须将后裆缝倾角做大，才能满足裤的总裆长度。男性的后裆倾角通常大于女裤的后裆倾角 2°～3°，男裤后裆起翘高基本在 3cm 左右。并且，

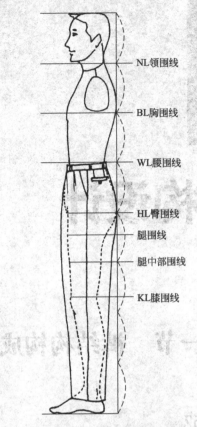

图2-1　男下装结构量尺线

NL领围线

BL胸围线

WL腰围线

HL臀围线

腿围线

腿中部围线

KL膝围线

还与直裆尺寸设计的高低有关，另外后裆倾角也与后裆缝线的困势有关，因为后裤片的裆缝线是整个裤片的外型造型所在。后裆缝线困势越大，后裆缝线倾角也就越大。

四、前裤腰褶裥量的确定

常见的男裤腰口一般前片有无裥、单裥、双裥和多褶裥的，褶裥的多与少关系到裤身的贴身与宽松。结构设计时要根据款式的风格来决定臀围的放松值与前后片放松值的分配，如果前裤片无裥，前臀就要做减法，而腰口就要做加法来缩小臀与腰之间规格的差。如果前裤片有3～4个裥，前臀就要做加法，而腰口要做减法，以此增大臀腰差的规格。

五、总裆长的计算

总裆长由直裆长加前后裆弯弧长组成，它与身高和体型有关，一般0.1的号加75%左右的腰围等于总裆长。如170/74A，身高×0.1=17cm；腰围X×75%=55.5cm（X为腰围尺寸），总裆长为72.5（较宽松型），腰围×73%，总裆长71cm为合身型。女裤总裆长也可按此方法计算。此外，低腰裤和高腰裤可做加减调整。

第二节 基本型男裤样板设计

一、适体西裤

适体西裤，规格如表2-1所示，剪裁图如图2-2所示。

表2-1 规格 单位：cm

名称	号型	裤长	直裆	腰围	臀围	脚口	总裆长
规格	170/74A	102	28	78	104	25	71

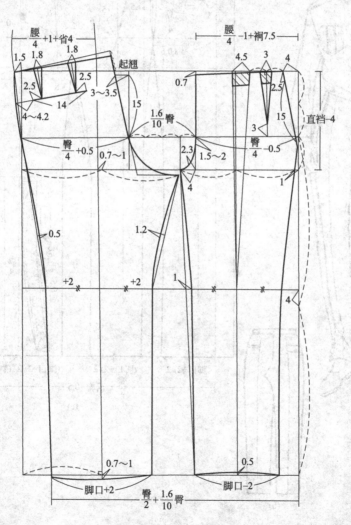

图2-2 适体西裤 单位：cm

二、无裆贴体西裤

无裆贴体西裤规格，如表2-2所示，剪裁图如图2-3所示。

表2-2　规格　　　　　　　　　　　　　　　单位：cm

名称	号型	裤长	直裆	腰围	臀围	脚口	总裆长
规格	170/76A	100	27	81	100	25	70

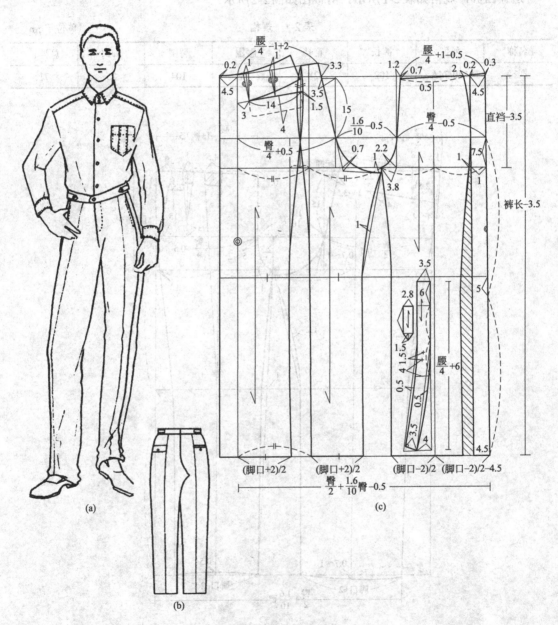

图2-3　无裆贴体西裤　单位：cm

三、胖体高裆裤

胖体高裆裤规格，如表2-3所示，剪裁图如图2-4所示。

表2-3　规格

单位：cm

名称	号型	裤长	直裆	腰围	臀围	脚口	总裆长
规格	170/102A	102	31.5	104	124	25	88～90

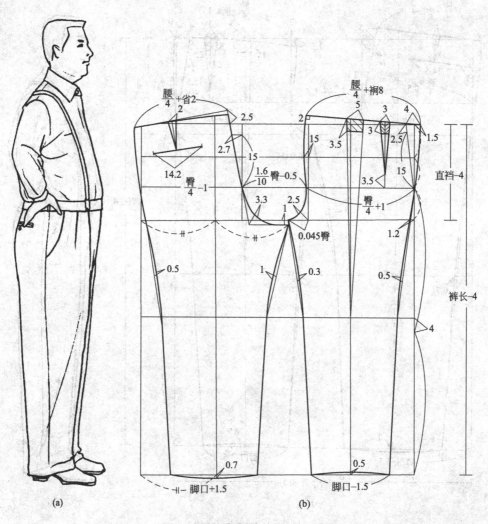

(a)　　　　　　　　　　　　　　　　(b)

图2-4　胖体高裆西裤　单位：cm

四、特体低裆裤

特体低裆裤规格如表2-4所示，剪裁图如图2-5所示。

表2-4 规格　　　　　　　　　　　　　　　　　　　　　　　　单位：cm

名称	号型	裤长	直裆	腰围	臀围	脚口	总裆长
规格	175/102A	100	29	104	122	25	78～80

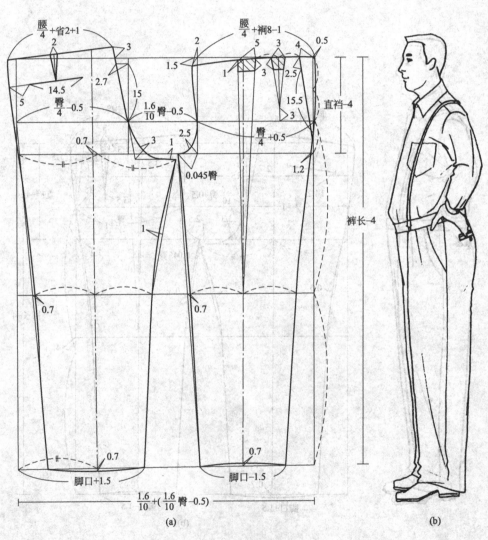

图2-5 特体低裆裤 单位：cm

五、中庸裤

中庸裤规格如表2-5所示，剪裁图如图2-6所示。

表2-5　规格

单位：cm

名称	号型	裤长	直裆	腰围	臀围	脚口
规格	170/74A	68	29	76	104	27

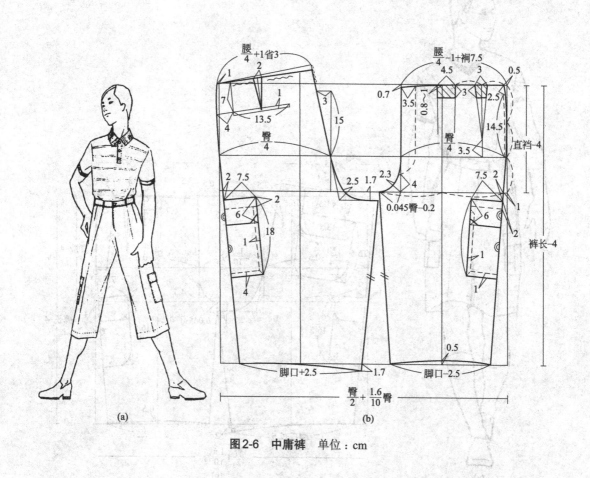

图2-6　中庸裤　单位：cm

六、齐膝裤

齐膝裤规格如表2-6所示，剪裁图如图2-7所示。

表2-6 规格 单位：cm

名称	号型	裤长	直裆	腰围	臀围	脚口
规格	170/74A	58	29.5	76	104	28

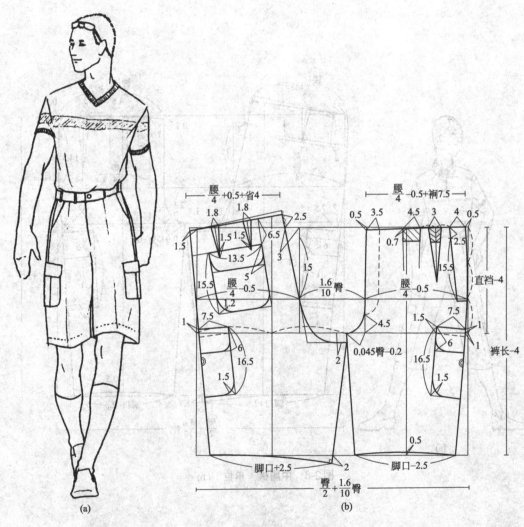

图2-7 齐膝裤 单位：cm

第三章 CHAPTER 3

男上装结构设计

第一节　男上装结构构成

一、颈根围倾角的确定

男性颈部呈上细下粗的圆柱形，从侧面看颈部向前倾斜，楔入躯干部并形成前低后高的斜坡，如图3-1所示，这斜坡是造成前后衣领领窝弧线弯度和前后衣长差的依据。

颈部形态有长短粗细之分，颈围与倾斜度也不尽一样。一般成年男子的颈部倾斜角度约为18°，如图3-2所示，是根据前倾角加后倾角之和的1/2得出。

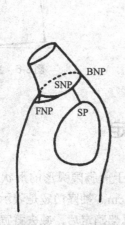

图3-1　颈部侧面模型
BNP—后领点；SNP—颈肩点
FNP—前领点；SP—肩点

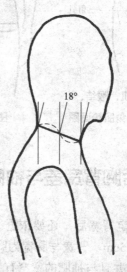

图3-2　颈部倾斜角示意图

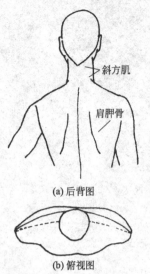

斜方肌

肩胛骨

(a) 后背图

(b) 俯视图

图3-3　宽肩、颈围、肩胛图

二、前后肩线角度的确定

　　男性的背部比较厚实，一般男子的肩胛骨突出的面和角度都略大于女性，约为22°，并且，男性肩胛骨上方的斜方肌也较厚实。图3-3是男性肩、颈结构，由此形成的男性基型纸样的后肩角度大于前肩角度2°～3°，使后肩缝有较大的缝缩值，可避免后背衣服起吊。男性的平均肩斜角度为20°～21°，宽松服装为17°～18°。

三、肩宽和背宽的确定

　　男性三角肌比较发达，为了使着衣后的袖型平服，一般要将肩适当地做宽，在净肩宽上加1.5～2cm。此外，由于男性的上体躯干呈倒梯形状，所以，肩宽确定后背宽也要做适当调整。比较理想的肩端点与背宽线的间距通常在1.5cm左右，参见图3-4至图3-6所示。

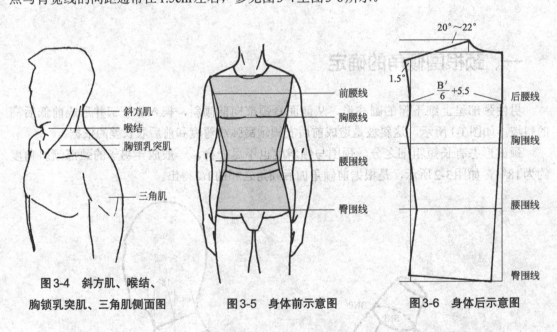

斜方肌
喉结
胸锁乳突肌

三角肌

图3-4　斜方肌、喉结、
胸锁乳突肌、三角肌侧面图

前腰线
胸腰线

腰围线

臀围线

图3-5　身体前示意图

20°～22°

1.5°

$\dfrac{B'}{6}+5.5$　后腰线

胸围线

腰围线

臀围线

图3-6　身体后示意图

四、前后胸背宽差与袖窿门宽的确定

　　依据肩宽确定背宽后，还要依据人体背阔弧形大于前胸阔弧形的形状，得出胸、背宽的1/2差为1～1.5cm，背宽与胸宽为胸1/6加4.5～5.5cm。袖窿门宽是表示人体侧面的厚度值，一般为1/6，并且与袖肥的宽窄有关。一旦1/2衣框架确定后，减去背宽和胸宽就是袖窿门宽。但袖窿门宽与袖肥宽有时呈正比关系，有时呈反比关系，见图3-7，图3-8所示。

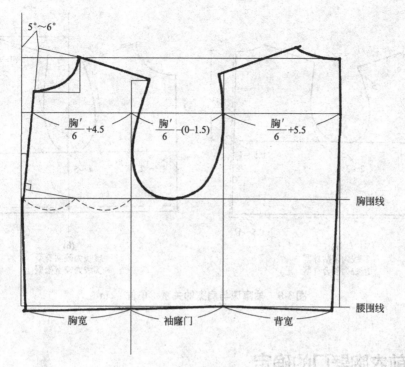

图3-7　前后身示意图　单位：cm

注：胸指人体的净胸围；胸'指服装的胸围。

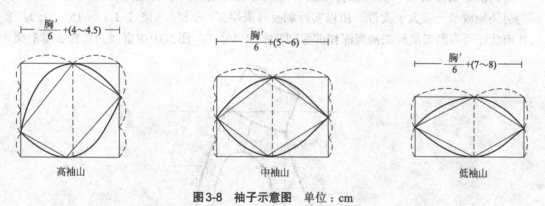

图3-8　袖子示意图　单位：cm

五、胸线的确定

胸线也称衣袖窿深浅。袖窿深一般在人体臂根围下3cm左右的位置，与胸阔比较齐平。图3-8推算后得到公式是贴身型袖窿深为胸/6+（8.5～9）cm；合身型袖窿深为胸/6+（9～9.5）cm；较合身型袖窿深为胸/6+（9.5～10）cm；较宽松型袖窿深为胸/6+（11～12）cm；宽松型袖窿深为胸/6+（13～14）cm。衣袖窿深还和肩宽规格有关，一般肩越是宽，袖窿越深，肩越窄袖窿越浅，图3-9所示。

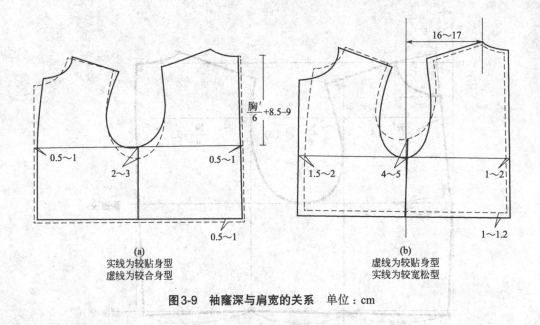

$\frac{胸'}{6}+8.5\sim9$

0.5～1　　　　　　　0.5～1

2～3

0.5～1

(a)
实线为较贴身型
虚线为较合身型

16～17

1.5～2　　4～5　　1～2

1～1.2

(b)
虚线为较贴身型
实线为较宽松型

图3-9　袖窿深与肩宽的关系　单位：cm

六、前衣胸劈门的确定

男性的前胸尽管没有女性那样隆起，但颈窝与胸线所产生的倾角有18°左右。此外，因为男装加放量一般大于女性，所以实际制板时采用5°～8°（15：1.3～15：15），宽松休闲装还可将胸省量放在袖窿深和前后胸背宽的尺寸中。图3-10中虚线为宽松衣着框架。

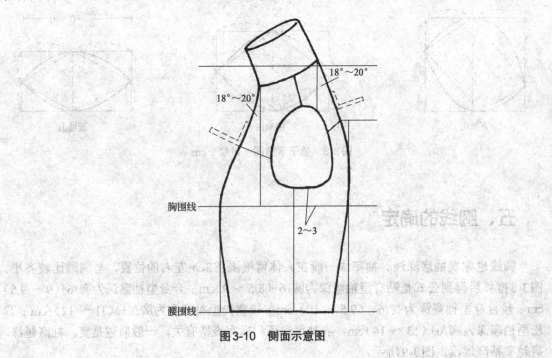

18°～20°　　18°～20°

胸围线

2～3

腰围线

图3-10　侧面示意图

第二节　男上衣装基本纸样设计

一、贴身型基本纸样

1.中间体号型

中间体号型为170/88A，如图3-11所示。

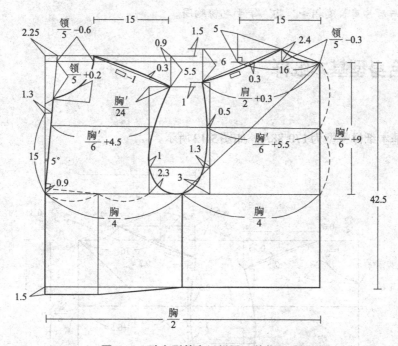

图3-11　贴身型基本纸样图　单位：cm

净腰围：74cm，净臀围：92cm。

2.规格设计

背长：0.25号=42.5cm。

前腰节长：背长+2.4=44.9cm。

胸围大：净胸围+6=B′+12=106cm。

（B′=穿衣的厚度基数）

肩宽：0.3胸+13=45cm

领围：0.2胸+18=39cm

3.制图计算尺寸及要点

① 袖窿深：1/6B′+9=24.5cm。

② 背宽：1/6B′+5.5=21.6cm。

③ 胸宽：1/6B′+4.5=20.6cm。

④ 前胸劈门：15/1.3=5°。

⑤ 前衣上浮：0.9cm，下浮1.5cm。

⑥ 前横开领：领/5-0.6=7.2cm。

⑦ 前直开领：领/5+0.2=8cm。

⑧ 后横领：领/5-0.3=7.5cm。

⑨ 领围倾角：18°～17°（16/5）。

⑩ 前肩角度：20°（15/5.5）。

⑪ 后肩角度：22°（15/6.1）。

⑫ 前袖窿弧长与后袖窿弧长差约2cm。

注：▭与后片肩长度相等。胸′等于毛粉胸围。

二、合身型基本纸样

1.号型

合身型基本纸样号型为170/88A，如图3-12所示。

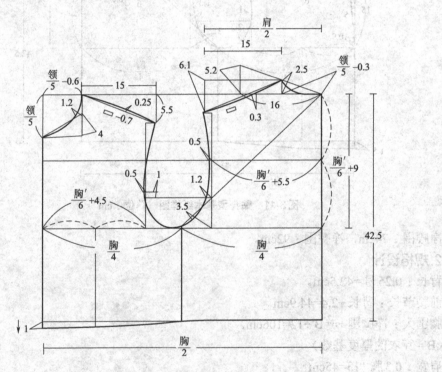

图3-12　合身型基本纸样　单位：cm

2.规格设计

背长：0.25 号=42.5cm，前腰节长：0.25 号+1=43.5cm，

前胸宽：B′+（6～8）=94cm，

肩宽：0.3胸+13=45.5cm，领围：0.2胸+18=40cm。

3.制图计算尺寸及要点
① 无劈胸省前衣无上浮值，下浮值为1cm。
② 随着横开领增大直开领深为2.5cm。
③ 前后袖窿弧长略相等。

三、宽松型基本纸样

1.号型
宽松型基本纸样号型为170/88A，如图3-13所示。

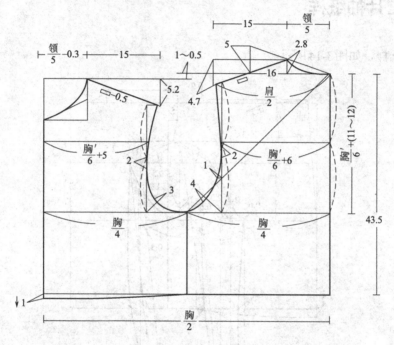

图3-13　宽松型基本纸样　单位：cm

2.规格设计
背长：0.25号+1=43.5cm，前腰节长：0.25号+1=43.5cm，

前胸宽：B′（8～10）=96cm，胸围大：B′（18～20）=116cm，

肩宽：0.3胸+12=46.5cm，领围：0.2胸+20=43cm。

3.制图计算尺寸及要点
① 袖窿深：B′/6+（11～12）=27.5cm。

② 背宽：B′/6+6=22cm。

③ 胸宽：B′/6+5=21cm。

④ 前中可劈胸也可不劈胸，如劈胸一般为3°左右。

⑤ 前衣上平线可下浮0.5～1cm，下平线可下浮1～1.5cm。

⑥ 前后横开领差为0.5～1cm，依前胸劈省而定。

⑦ 前肩角度取19°，（15/5.2）。

⑧ 后肩角度取17°，（15/4.7），此时前后肩缝差为0.5cm。

⑨ 后直开领增深为2.8cm。

⑩ 前袖窿弧长短于后袖窿弧长2cm左右，肩缝线前置1cm左右。

第三节　袖基本型纸样设计

一、二片袖纸样

二片袖纸样，如图3-14所示。

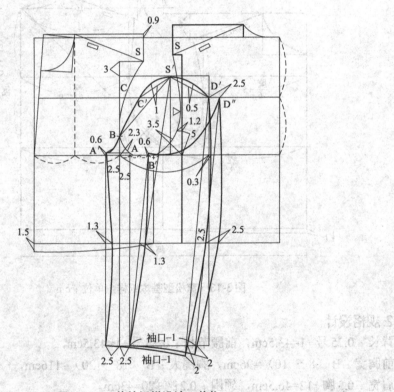

图3-14　二片袖纸样设计　单位：cm

1.制图方法

① 袖肥宽：0.2胸-（1.5～2）cm为较贴身袖型，一般袖肥宽大于衣袖窿门宽4～5cm。

② 袖山深：依据前后有效值袖窿深的平均值减3.5～4cm，约为FSP（前肩点）点下落3～3.5cm。袖山斜线约42°。

③ 袖前山线为胸线上4cm处设B点。

④ 袖后山线为袖窿深的1/2处，设D线。

⑤ 袖上平线为S′线。

⑥ 袖肘线平齐衣后腰节线。

⑦ 袖肥线平齐衣胸线。

⑧ 设B点为袖肥宽基础框架线。取BC+0.5=BC′；CS=C′S′；SD=S′D′。

⑨ 以D′点作垂直线为袖肥大框架线。

⑩ 设前袖偏量2.5cm，连接AB和A′B′弧线。

⑪ 大袖片袖口为袖口大减1cm，垂直袖下平线量取。下落2cm后与点连线，在肘线处凸出2.5cm画袖外侧缝造型，袖内侧缝的肘线凹势1.3cm。

2.小袖片制图步骤

① 由S′点袖中点与A点线袖口处连直线。

② 将交于袖肥线处作4等分；取1等分与袖口A线连接，肘线处凹势1.3cm。

③ 袖后山线D′点处放出2.5cm为D″点。

④ 取出小袖片袖口大CM−1=14cm，并垂直袖下平线，下落2cm与D″点连线。

⑤ 在肘线处凸出2.5cm划出小袖片外侧缝造型。

⑥ 划出小袖片袖窿弧线，要相似衣后袖窿弧造型。

二、一片袖纸样

一片袖纸样，如图3-15所示。

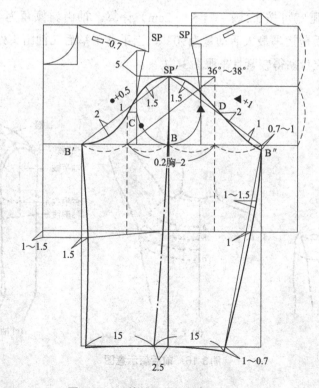

图3-15 一片袖纸样设计 单位：cm

（1）袖肥宽：0.2胸−（1.5 ～ 2cm）为合身袖型。

（2）袖山深：取前后、前袖窿深平均值减去5cm，袖山斜线约在36° ～ 38°，设SP′点为袖上平线。

（3）设胸线B为袖肥宽线，由SP′点作前衣袖窿弧长"●"+0.5cm并与B′点连线为前袖斜线长。

（4）由SP点作后衣袖窿弧长"▲"+1cm与B″点连线为后袖斜线长。

（5）前袖斜线中点下落1cm为前袖拐点C，画凹凸弧线为前袖壮弧造型。

（6）后袖斜线中点后退2cm为后袖拐点D，按数字画凹凸线为后袖壮弧造型。

第四节　各类袖型样板

袖型可分贴身型、合身型、较宽松型和宽松型。这四种袖型的确定除按袖肥宽、窄以外，还要考虑袖的活动功能量。

一、贴身型袖

贴身型袖的袖肥宽可按0.2胸−（1.5 ～ 2cm）计算。袖山斜倾角为42°左右。图3-16得到袖山深高，其手臂抬举最大活动量为90°，当手臂平举后在袖山头处衣纹伸缩量较多。手臂下放后袖身与衣身贴得较紧且平服图3-17。

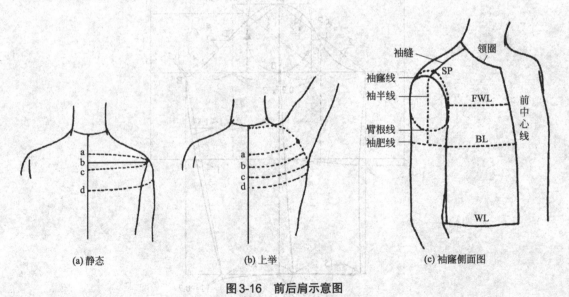

(a) 静态　　　　　(b) 上举　　　　　(c) 袖窿侧面图

图3-16　前后肩示意图

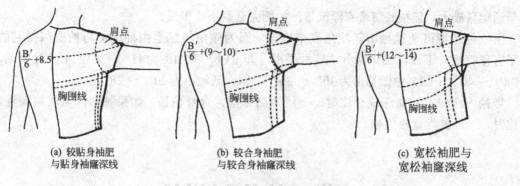

(a) 较贴身袖肥
与贴身袖窿深线

(b) 较合身袖肥
与较合身袖窿深线

(c) 宽松袖肥与
宽松袖窿深线

图3-17 袖子与袖窿深浅示意图

二、合身型袖

合身型袖的袖肥宽可按0.2胸-（1.5～2cm）或0.2胸-（1.5～1cm）计算。袖山斜线倾角为38°～40°，图3-16（a）其手臂抬举活动量大于前一种，约有150°。手平举后在袖山头处有适当的伸缩衣纹。手臂下放时，袖子身与衣身略有空隙呈小"八"字形，袖头与袖底较平服［图3-18（b）］。

(a) 手臂下放时袖与衣身效果

(b) 手臂伸展与衣身效果

(c) 手臂伸展与衣身效果

图3-18 手臂伸展与衣身示意图

三、较宽松型袖

较宽松型袖的袖肥宽可按0.2胸-1.5cm或0.2胸-0～1cm，袖山斜线倾角为30°～36°。其手臂抬举活动量可在180°，它介于合身型与宽松型之间。

四、宽松型袖

宽松型袖的袖肥宽可按0.2胸+0～1cm计算。袖山斜线倾角为20°～28°。图3-18其手臂活动量最大。但袖底缝略有浮沉量，袖侧面造型不够平服。

所以袖造型可通过袖山斜线角度来确定，因为倾角斜线是由袖肥宽与袖山深得到的。为了方便打板，下面将袖山深分成四种类型，即：（1）高袖山为41°～43°；（2）中袖山为38°～40°；（3）中低袖山为30°～36°；（4）低袖山为20°～28°。

当袖山深与衣袖窿深成正比时，一般为贴身型、合身型袖；如果袖山深与衣袖窿深成反比时，一般就为宽松型袖。

第五节　特体纸样修正

一、肩部修正

1.溜肩 ⋀

溜肩型穿衣效果及纸样图，如图3-19所示。

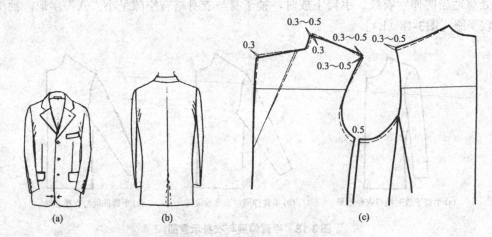

图3-19　溜肩型穿衣效果及纸样修正图　单位：cm

穿衣特征：① 领子张开，肩端点浮起；② 前袖窿处有斜绺；③ 前衣下摆有相叠感觉；④ 后衣下摆起翘。

修改方法：① 前后肩端点下移0.5cm。② 胸线也同时下移0.5cm，保持基本衣袖窿深不变。③ 如是胖体的溜肩，可增大撇门0.3～0.5cm，同时前衣上平线上升0.3cm。

2.翘肩 ⋁

翘肩型穿衣效果与纸样图，如图3-20所示。

穿衣特征：① 肩点部位绷紧，有裂纹；② 领子浮起；③ 解开衣扣，下摆豁开；④ 后衣领下有横褶纹。

修改方法：① 衣后肩缝角度缩小1°～2°；② 前胸撇门减小0.5cm；③ 后衣直开领增深0.3～0.5cm。

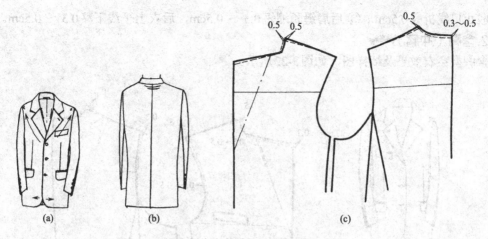

图3-20　翘肩型穿衣效果与纸样修改图　单位：cm

二、胸部修正

1.鸡胸

鸡胸型穿衣效果及纸样图，如图3-21所示。

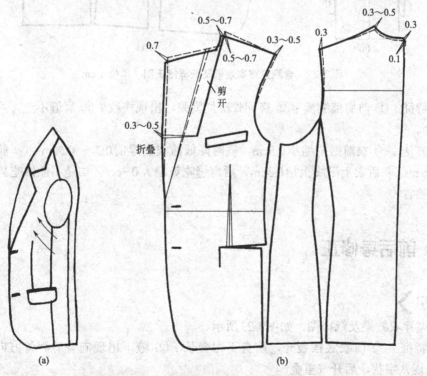

图3-21　鸡胸型穿衣效果及纸样修改图　单位：cm

穿衣特征：① 胁缝有斜绺；② 前衣下摆有重叠并有起翘；③ 翻驳线浮起。

修改方法：① 前衣胸撇门增大0.5～0.7cm，上浮同时增大；② 可在前领深线设领线省，驳止口线折叠0.5cm；③ 后肩缝长缩短0.3～0.5cm，后衣上平线下移0.3～0.5cm。

2.含胸（冲肩）

含胸型穿衣效果及纸样图，如图3-22所示。

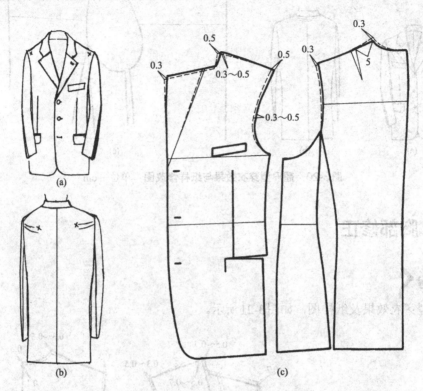

图3-22　含胸型穿衣效果及纸样修正图　单位：cm

穿衣特征：① 前肩部绷紧；② 肩胛骨部位紧张，出现横纹；③ 肩缝不正，外扭（含胸也叫冲肩）。

修改方法：① 衣前撇门缩小0.5cm，同时降低前衣上浮值0.3～0.5cm；② 前胸宽减少0.3～0.5cm；③ 后衣上平线上抬0.3cm，后肩缝吃势增大0.3cm，如是不能做吃势的布料可设肩省或领省。

三、前后身修正

1.前屈

前屈型穿衣效果及纸样图，如图3-23所示。

穿前特征：① 前衣底摆裂开，前身下摆变长；② 腋下出现向着肩胛骨方向的斜绺；③ 后衣出现八字状，后开气重叠。

修改方法：① 前衣上平线下移0.5cm，同时胸撇门减小0.3～0.5cm；② 后衣上平线上抬0.5～1cm；③ 后背腰吸增大0.3～0.5cm；④ 大袖片的袖内侧缝放出0.5～1.2cm，袖口外侧缝撇进0.5～1.2cm。

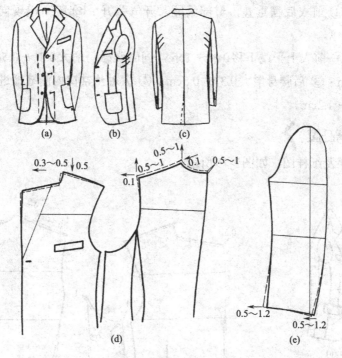

图3-23　前屈型穿衣效果及纸样修改图　单位：cm

2.后仰

后仰型穿衣效果及纸样修改图，如图3-24所示。

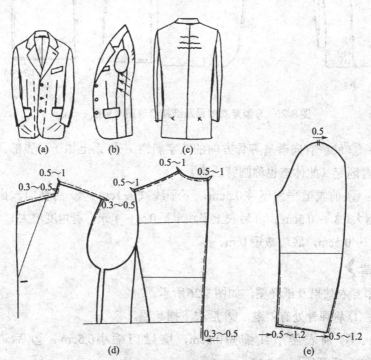

图3-24　后仰型穿衣效果及纸样修改图　单位：cm

穿衣特征：① 前衣底摆重叠，臀部紧绷，开气张开；② 腋下出现向着领子方向的斜绉。③ 后背有鼓包。

修改方法：① 前衣上平线下移0.5～1cm，同时胸撒门增大0.3～0.5cm；② 后衣上平线下移0.5～1cm；③ 后腰身增大0.3～0.5cm；④ 大袖片袖口内侧缝撒进0.5～1.2cm，袖外侧缝放出0.5～1.2cm。

3.S体（圆背凸腹）❯

S型穿衣效果及纸样图，如图3-25所示。

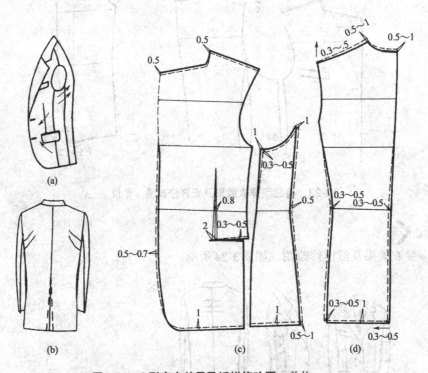

图3-25　S型穿衣效果及纸样修改图　单位：cm

穿衣特征：① 胁缝有向着肩胛骨方向的八字斜绉；② 系上扣子，腹部紧而出现斜绉；③ 解开扣，后背翘起（此体态也称圆背凸腹）。

修改方法：① 前衣上平线下移0.5cm，下平线减去1cm；② 前叠门放出0.5～0.7cm，下口袋的肚省增大0.3～0.5cm；③ 后衣上平线上抬0.5～1cm，肩角度增大1°～2°；④ 后衣腰吸收进0.3～0.5cm，底边减短1cm。

4.端肩驼背❯

端肩驼背型穿衣效果及纸样图，如图3-26所示。

穿衣特征：① 肩胛骨处有斜绉；② 后衣下摆起翘。

修改方法：① 前衣腰节线缩短0.5cm，胸撒门缩小0.5cm；② 后衣腰节线增长0.3～0.5cm；③ 后横开领增宽0.15～0.2cm。

注：后腰节线从后肩中心一直量到下面腰节部分。

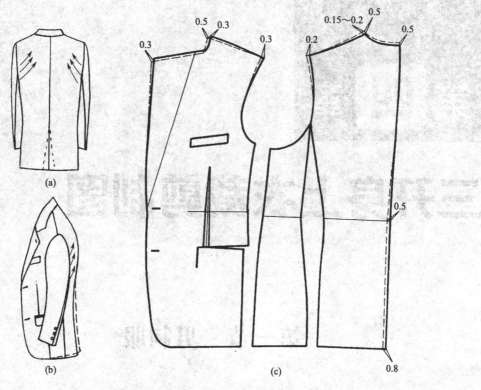

图3-26　端肩驼背型穿衣效果及纸样修改图　单位：cm

第四章 CHAPTER 4

三开身上衣裁剪制图

第一节 男制服

　　男制服为三开身结构，立翻领，挖四个口袋。造型大方，腰身宽松，宽着舒适。可选用军绿色、海军蓝色、纯白色等涤棉府绸或涤卡裁制。范例规格如表4-1所示。衣身裁剪图如图4-1所示，袖、领、口袋裁剪图如图4-2所示，排料如图4-3所示。

表4-1　范例规格
单位：寸

名称	衣长	胸围	领大	总肩	袖长	袖口
规格	21.5	33	13	14	17.5	5

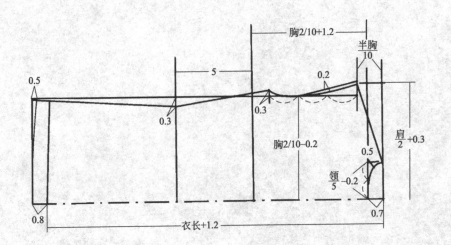

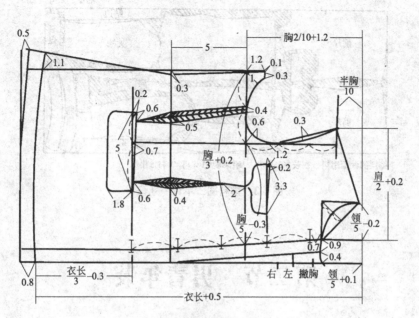

图4-1　衣身裁剪图　单位：寸

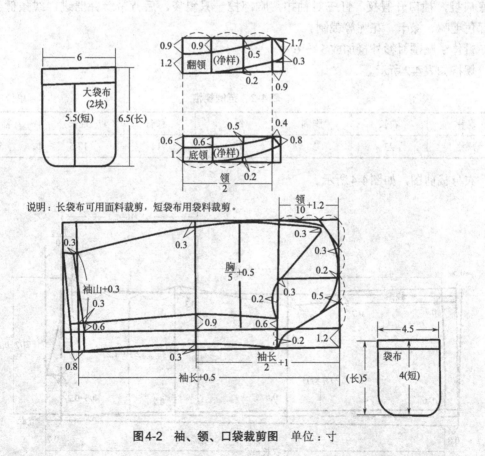

说明：长袋布可用面料裁剪，短袋布用袋料裁剪。

图4-2　袖、领、口袋裁剪图　单位：寸

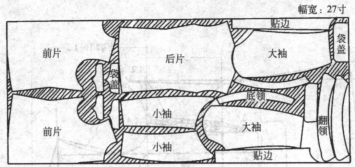

幅宽：27寸

排料图计算用料：衣长×3+3寸，胸围每大1寸再加料1.5寸。

图4-3　排料图　单位：寸

第二节　男青年装

男青年装为三开身结构，两侧摆缝开衩，小立领，前门钉七粒铜质纽扣，前片贴两个圆底口袋，袖口开假衩，钉三对袖扣，胸部挖一只斜袋，后背带缝并劈进，线条健美，宜用深色毛呢、涤卡、花呢等裁制。

量体：胸围衬衫外量加放5～6寸

规格如表4-2所示。

表4-2　范例规格　　单位：寸

名称	衣长	胸围	领大	总肩	袖长	袖口
规格	22	33	12.5	14	17.5	5

衣身裁剪图，如图4-4所示。

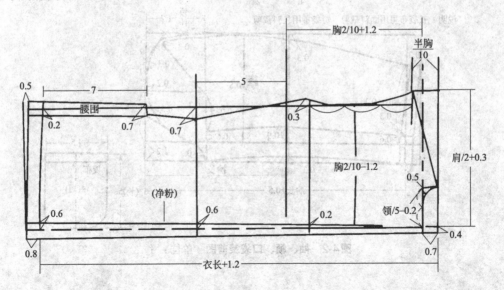

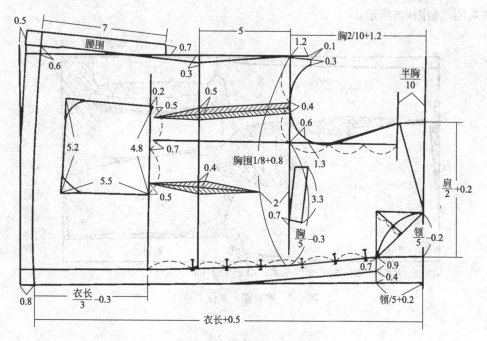

图4-4　衣身裁剪图　单位：寸

袖子裁剪图，如图4-5所示。

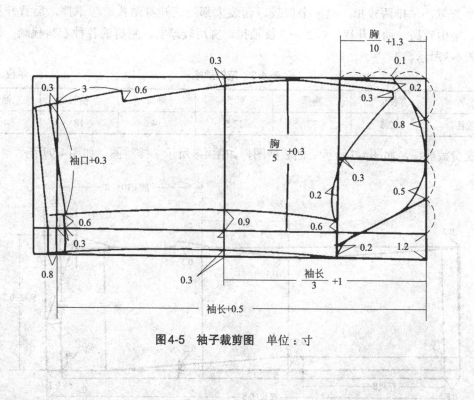

图4-5　袖子裁剪图　单位：寸

排料图，如图4-6所示。

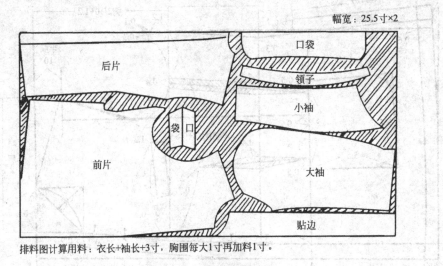

排料图计算用料：衣长+袖长+3寸，胸围每大1寸再加料1寸。

图4-6　排料图　单位：寸

第三节　男西装

西装驳头翻开，整齐大方，是各年龄阶段男子的理想服装。这是一种基本款式，坡驳头，小方领，单排两粒扣，挖三个口袋。西装大都是三开身结构，圆下摆，后背开衩，大小袖，袖山较高，袖口开衩，钉2～3粒袖扣。宜用较厚实、垂挺的各种衣料裁制。范例规格格如表4-3所示。

表4-3　范例规格　　　　　　　　　　　单位：寸

名称	衣长	胸围	领大	总肩	袖长	袖口
规格	22.5	33	12.5	14	18	4.5

衣身裁剪图，如图4-7所示；袖裁剪图，如图4-8所示；排料图，如图4-9所示。

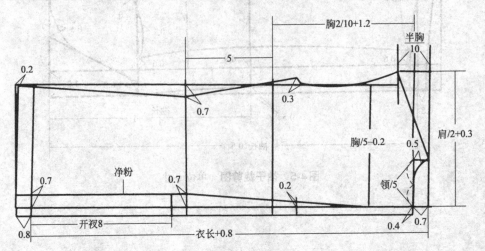

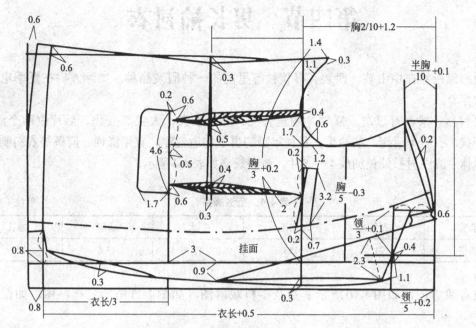

图4-7 衣身裁剪图 单位：寸

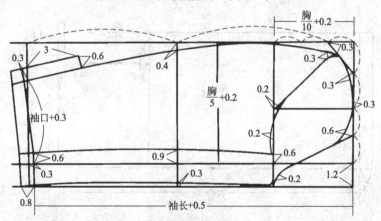

图4-8 袖裁剪图 单位：寸

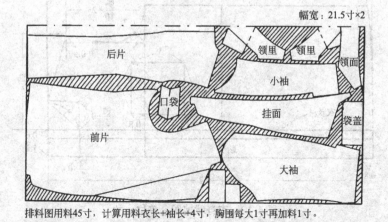

排料图用料45寸，计算用料衣长+袖长+4寸，胸围每大1寸再加料1寸。

图4-9 排料图 单位：寸

第四节　男长袖衬衣

衬衫原指穿在中山装、西装、春秋衫等里面的一种服装品种。实际人们在夏季也常作为外衣穿着。

男衬衫一般都有过肩，立领，领角有尖、方、小尖、大尖等变化。后片收两个活褶，袖口开衩，有三个活褶，装袖头。各种年龄的男子均适合穿。宜用涤棉、府绸等衣料制作。

量体：胸围衬衫外量加放4～5寸。范例规格如表4-4所示。

表4-4　范例规格 单位：寸

名称	衣长	胸围	领大	总肩	袖长
规格	21	33	12	13.6	17.5

衣身裁剪图，如图4-10所示；袖及零料裁剪图，如图4-11所示；排料图，如图4-12所示。

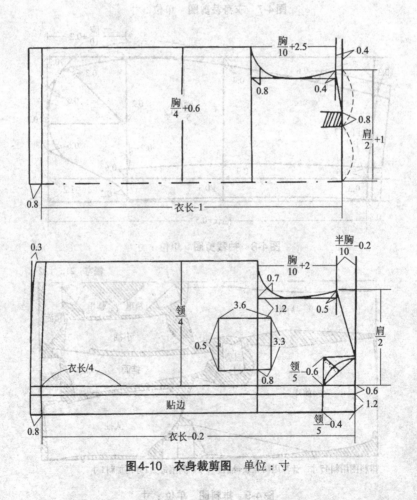

图4-10　衣身裁剪图　单位：寸

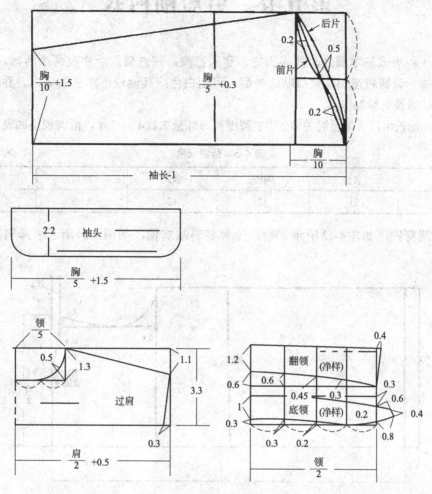

图4-11　袖及零料裁剪图　单位：寸

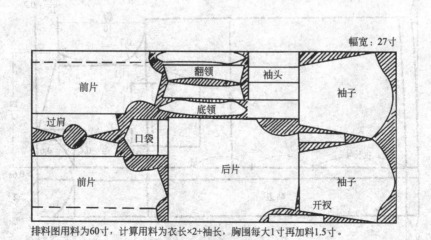

排料图用料为60寸，计算用料为衣长×2+袖长，胸围每大1寸再加料1.5寸。

图4-12　排料图　单位：寸

第五节　男短袖衬衣

这是一种男式基本服装，式样大方，穿着凉爽。带过肩，后片收两个活褶，两用领，贴两只口袋，钉四粒纽扣，袖口贴边外翻。可用白色或其他较淡颜色的涤棉、乔其纱、朱丽纹、真丝绸等衣料制作。

量体：袖长由肩头量至肘关节2寸；胸围衬衫外量加放4～5寸。范例规格如表4-5所示。

表4-5　范例规格　　　　　　　　　　　　　　　　单位：寸

名称	衣长	胸围	领大	总肩	袖长
规格	21	32	12	13.6	7

衣身裁剪图，如图4-13所示；袖、领等零料裁剪图，如图4-14所示；排料图，如图4-14所示。

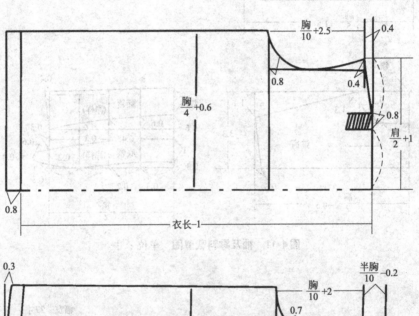

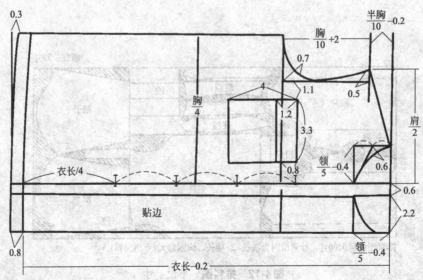

图4-13　衣身裁剪图　单位：寸

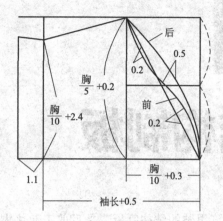

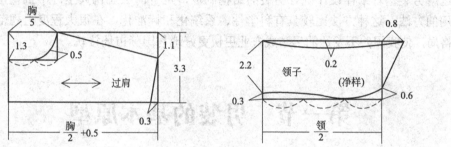

图4-14 袖、领等零料裁剪图 单位：寸

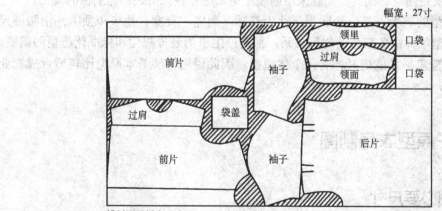

排料图用料为50寸。

图4-15 排料图 单位：寸

第五章 CHAPTER 5

男装的结构制板

运用男装基本纸样设计制订男装的结构制板，是目前工业化大生产中批量生产男装普遍采用的方法。这种方法比较具有科学性、系统化和标准化，在很大程度上规范了男装生产的格局，使我国并不发达的男装成衣业更快更好地与国际市场接轨。

第一节　男装的基本原型

原型是各种服装结构制图的基础，可以根据男装原型的特点和结构原理设计出其他任何男装种类。男子服装没有女子服装在设计上有那么多的变化，男子服装中最典型，也是结构最为复杂的就是西装。因此我们就采用西装原型来进行各式男装结构制板的变化。

男装基本原型的制板，是以净胸围尺寸为基础，胸宽、背宽、袖窿和领围都由胸围尺寸推算而来。原型纸样中各部位的比例关系，都是产生于男装理想化和标准化造型的需要，既有更高的体型覆盖率又能更好地美化个体造型。因此说用男装基本原型比较适合成衣业的男装结构制板。

一、男子原型衣身制图

（一）制图必要尺寸

净胸围、背长。

（二）已知条件

净胸围（B）88cm，加松量18～20cm，背长44cm。

（三）制图步骤

1. 画基础线

男装原型基础线见图5-1所示。

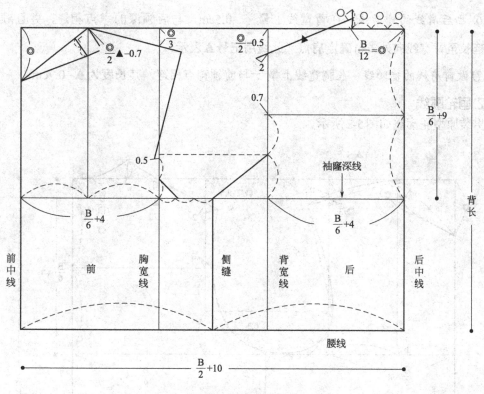

图5-1 男装原型基础线 单位：cm

① 画长方形 宽为背长，长为 $\dfrac{B}{2}+10\text{cm}$；其中公式中的10cm为男子原型的基本松量，即胸围一周加松20cm。

② 画胸围线、胸宽线、背宽线 袖窿深 $=\dfrac{B}{6}+9\text{cm}$，胸宽 $=\dfrac{B}{6}+4\text{cm}$，背宽 $=\dfrac{B}{6}+4\text{cm}$。其中胸宽、背宽的公式都是 $\dfrac{B}{6}+4\text{cm}$，这是为了制图方便，便于记忆的需要。等画到袖窿弧线的轮廓线时，要根据男性运动机能的合理性，背宽要做适当的增加，在胸宽的适当位置减掉一定的量。

③ 画侧缝线、背宽横线 把胸围线2等分后画侧缝线。在后中心线上把袖窿深 $\dfrac{B}{6}+9\text{cm}$ 的长度2等分后画背宽横线。

④ 画后领宽、后领深 后领宽 $=\dfrac{B}{12}$（记号◎），后领深 $=\dfrac{1}{3}$ 后领宽。

⑤ 画前领宽、前领深　前领宽=$\frac{1}{2}$胸宽，前领深=后领宽=$\frac{B}{12}$（记号◎）。其中前领宽

取胸宽的$\frac{1}{2}$，很显然比后领宽要宽，前后领宽的差量就相当于撇胸。这样对于制作西装样

板是较为合理的。

⑥ 画后肩线的辅助线　在背宽线上量$\frac{◎}{2}$-0.5cm，与后领深的$\frac{1}{2}$点相连，并且顺势延

长，延长至背宽线向外2cm确定肩点（此线用记号▲表示）。

⑦ 做前肩线的辅助线　在胸宽线上量$\frac{◎}{3}$与前领宽点相连，其长度为▲-0.7cm。

2.画轮廓线

男装原型轮廓线如图5-2所示。

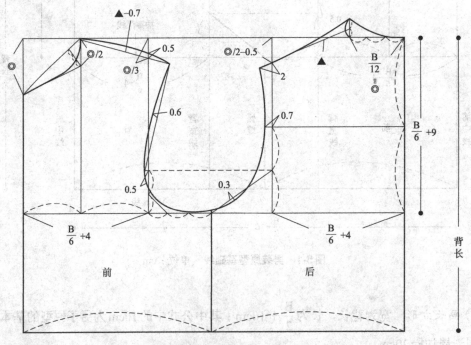

图5-2　男装原型轮廓线　单位：cm

① 按图上标注把后领弧、前领弧轮廓线画好。

② 后肩线用凹线，前肩线用凸线画顺，这样比较符合人体肩部的造型。

③ 袖窿弧线按图上标记画顺，其中背宽横线加宽0.7cm，在胸宽线上，背宽横线与胸围

线的$\frac{1}{2}$处去掉0.5cm；背宽横线与胸围线的$\frac{1}{4}$处为袖子的对位记号点。

二、袖子原型制图

袖子原型图，如图5-3所示。

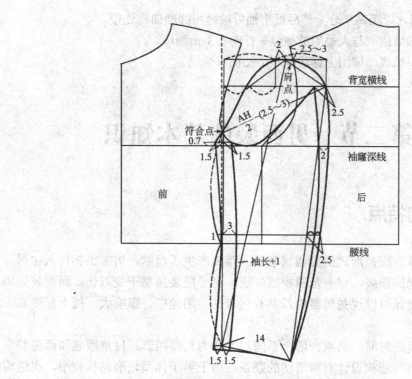

图5-3 袖子原型制图 单位：cm

1.制图必要尺寸

AH袖窿的深度和袖长的长度。

2.已知条件

AH=50cm，袖长55cm。

3.制图步骤

① 该袖子原型是配合衣身原型而做的两片袖。因此要利用衣身原型的胸围线、背宽横线、肩端点以及对位记号。

② 确定袖山高　从后肩端点向下量2.5～3cm做一水平线。此线至袖窿深线之间为袖山高。

③ 确定袖肥　从对位点开始向背宽横线斜取$\dfrac{AH}{2}$-（2.5～3）cm，确定袖肥。

④ 确定袖长　从袖窿最高点至袖口，袖口取14～15cm垂直于袖长。

⑤ 确定袖肘　先取对位点至袖口之间的中点，然后从此点向上1cm做一水平线为袖肘线。

⑥ 画大袖后袖缝线　先把背宽横线上的袖肥点与袖口连一斜线为基础线，此线与胸围线相交向右2cm，与袖肘线相交向右2.5cm；然后画顺后袖缝线。

⑦ 画大袖前袖缝线　先在胸宽线与胸围线的交点向上0.7cm做一水平线，此线与胸宽线的交点向左1.5cm；然后在袖口的交点向左1.5cm，最后画顺前袖缝线。

⑧ 画大袖的袖山弧线　按图上标注画顺大袖袖山弧线。

⑨ 画小袖的后袖缝线　先找背宽横线与袖肥的交点向左2.5cm，再在袖肘线上把大袖外

袖缝线与辅助线之间这段距离平分；然后把小袖后袖缝用圆顺曲线连接。

⑩ 画小袖的前袖缝线　与大袖的前袖缝平行向右3cm画顺。

⑪ 画小袖的袖山弧线　按图上标注画顺小袖袖山弧线。

第二节　男西装的基本知识

一、西装的特点

西装通常是指具有规范形式的男西式套装。西装产生于西欧，清末民初传入中国。目前西装已成为国际化的服装，穿着范围相当广泛。男子服装虽然千变万化，而西装却相对稳定。西装的纸样设计可以说是男装中最具有代表性、用途广、影响大、技术程度高的品种了。

男西装款式，根据时间、地点、场合不同，可分为礼服西装、日常西装和西便装三种类型。男西装的风格与结构设计有着密切的联系，由于男子体型轮廓起伏较小，在结构制板中，所设计的放松量一般是很稳定的，即使有些变化也很小，通常西便装比日常西装的放松量要多4cm左右，因为这类服装的造型比较宽松随意，而且常和薄毛衫组合穿着。男西装的袖子通常采用两片袖结构，这也是西装袖子结构的共同特点。

二、西装的造型分类

1.从外观廓形上划分

从外观廓形上划分有三种基本形式，即H形、X形、V形，如图5-4所示。

H形：是指直身型即箱形，比较适合做四开身结构的简易结构，适用于粗纺面料的西装。

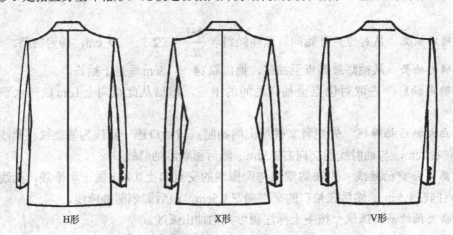

H形　　　　　　　　X形　　　　　　　　V形

图5-4　西服的三种基本形式

X形：是收腰身合体型，比较适合加腹省的六开身结构的服装，因为这种结构充分表现出了西装从整体到局部的完整统一，造型细致入微。大多数精纺面料的高档西装适于此廓形。

V形：是指强调肩宽、背宽而在臀部和衣摆最大程度收小的廓形，此款突出肩部的造型。在整体造型中使肩、腰、摆三者形成强烈的V形感觉，否则会出现不协调的感觉。

2.从领型上划分

西装驳领的造型在西装中占了举足轻重的地位，由于领子的位置是整个服装的视觉中心，因此，它往往也是流行的感觉中心。西装驳领变化大致有平驳领、枪驳领、青果领等。对于领型与驳头而言，有领角大小、领口位置高低、驳头宽窄等变化。

3.从前门襟上划分

西装的门襟造型有三种，有直摆、斜摆和圆摆。对于单排扣的门襟大多采用圆摆或斜摆，而双排扣常用直摆。单排扣有一粒、二粒、三粒、四粒、五粒的形式，双排扣有二粒、四粒、六粒和八粒的变化。

4.从后背上划分

男西装的后背力求简洁，充分体现男性的阳刚之美，后背可采用开衩或无衩的设计，后开衩的位置与长短已成为男装流行中的形式因素。其基本形式有中开衩、中开明衩、侧开衩、无开衩，如图5-5所示。其中后中心及两侧开衩常用于合体男西装的设计中，既能增添后背纤长优雅之感，又可以满足人体的向前运动。

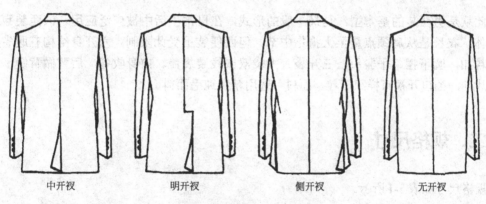

| 中开衩 | 明开衩 | 侧开衩 | 无开衩 |

图5-5　西装后背的基本形式

5.从肩型上划分

肩型除了受人体的肩部形状影响之外，与流行趋势有着密切的联系。西装肩型基本上分四种，如图5-6所示。

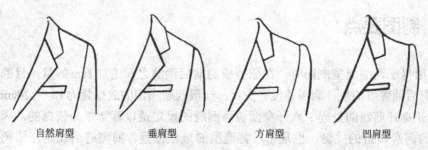

| 自然肩型 | 垂肩型 | 方肩型 | 凹肩型 |

图5-6　西装肩型的基本形式

① 自然肩型。与人体肩部较为合体，肩部不夸张，可使用较薄垫肩或不用垫肩，是目前较流行的肩型。

② 垂肩型。整个肩部呈圆形，与人体肩膀贴合。

③ 方肩型。肩头部略微上翘、袖山头的袖包做得较大，是我国前几年较流行的肩型。

④ 凹肩型。肩头部上翘，肩线呈向下凹的曲线。适合于削肩的人体穿着。

6.从袋型上划分

男西装的口袋在流行中起着烘托主题的作用，西装上有一只手巾袋及两只大口袋。大口袋有贴袋和双嵌线两种类型，便装往往用贴袋，较正式的西装应该有袋盖和双嵌线。

第三节　单排两粒扣平驳头男西装

一、设计说明

此款是男西装的基本型，是最一般的形式，在日常生活中被广泛应用。该西装穿着较为合体，衣长是从肩颈点量至大拇指中节，但西便装不受此限制。六开身结构有腹省，单排两粒扣，圆下摆、平驳头、三开袋、大袋双嵌线装袋盖。前身收省，后背做背缝；袖子为两片袖，袖口开衩钉样纽三粒。面料可选用精纺纯毛面料。

二、规格尺寸

规格尺寸如表5-1所示。

表5-1　单排两粒扣平驳头男西装成品规格　　号型：170/88　　　　单位：cm

部　位	衣　长	胸　围	总肩宽	背　长	袖　长
规　格	76	106	44	44	58.5

三、制图要点

① 使用男子西装原型制图时，在原型板的前后侧缝之间追加1cm的量，目的是为了补充侧缝开剪后袖窿省的量，胸围并没有变化，一般西装胸围的放松量为18～20cm。

② 六开身开剪线的处理：六开身西装后侧缝的设定是以背宽线为依据的，因为背宽线正是后背向侧身转折的关键，也是塑后背造型的最佳位置。前侧缝的设定，要稍向侧面靠拢，因为胸宽线虽然也是前身向侧身转折的关键，但为了保证前身正面的完整性，因此把

结构线向侧面微移。

③ 此款男西装加腹省，目的是在强调男装结构与造型关系的紧密性和内在的含蓄性。也就是说通过腹省的设计，使前胸的菱形省变成剑形省而减少了前身的"S"曲线，使其更具有阳刚之美。同时通过腹省使前摆收紧，又比较适合于腹部微凸的曲面造型。

④ 在后背中线腰节处收进2cm，底摆收进3cm，更符合男性V形造型。

⑤ 一般西装的两片袖结构设计与原型袖基本相同，在利用袖肥公式 $\frac{AH}{2} - (2.5 \sim 3)\,cm$ 时，其中的$2.5 \sim 3cm$的数值是一个变量，可以根据袖造型的需要和袖山头的吃势来调节此值。

四、制图

制图如图5-7所示。

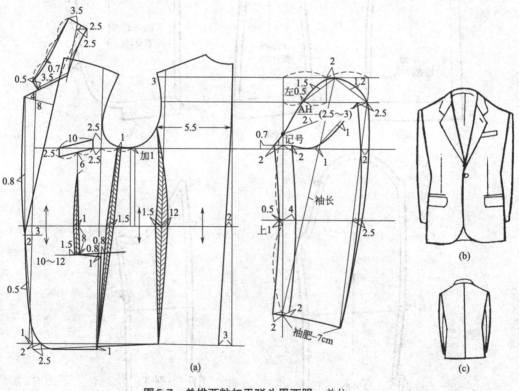

图5-7 单排两粒扣平驳头男西服 单位：cm

五、男西装纸样

男西装纸样如图5-8至图5-10所示。

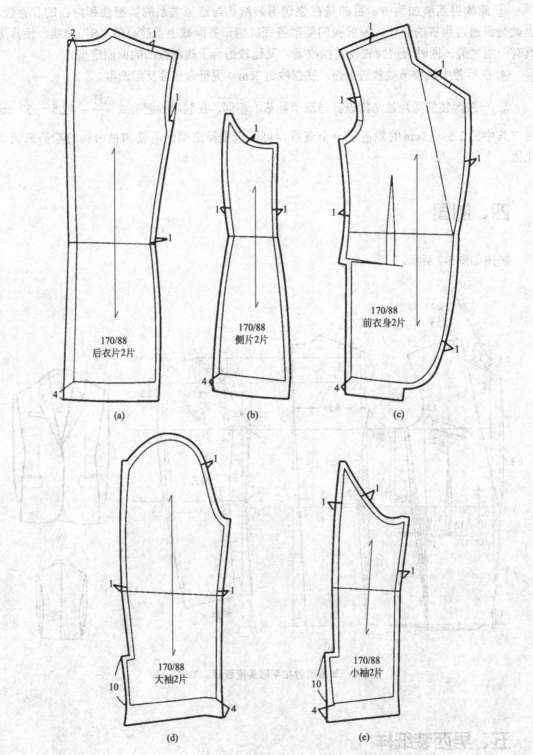

图5-8 男西装面料纸样　单位：cm

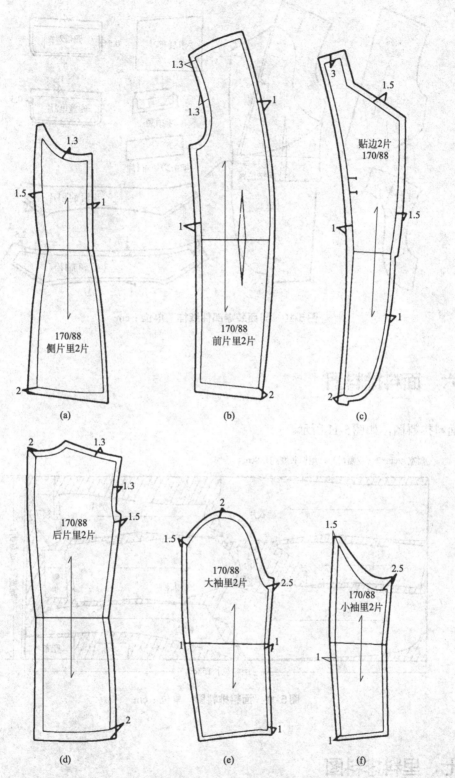

图5-9 男西装里子纸样 单位：cm

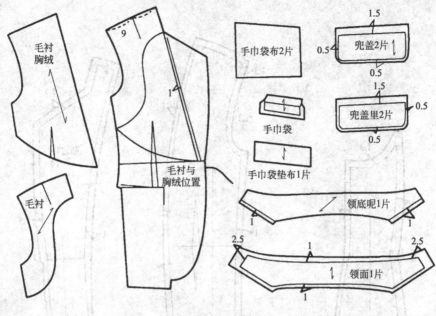

图5-10　男西装零部件纸样　单位：cm

六、面料排料图

面料排料图，如图5-11所示。

幅宽72cm×2（双幅料），用料长度约158cm。

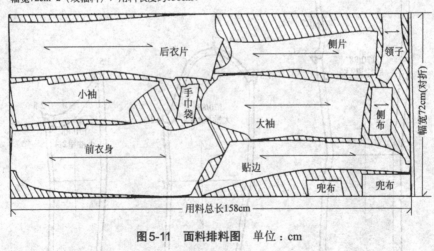

图5-11　面料排料图　单位：cm

七、里料排料图

里料排料图如图5-12所示。

幅宽90cm，单幅对折排料，用料长度约193cm。

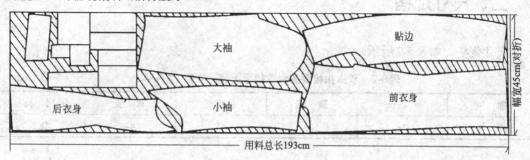

图5-12　里料排料图　单位：cm

八、男西装成品检验标准

1.外观质量要求

① 规格尺寸准确、外观挺括。

② 领型、驳头、串口均要求对称，并且平服、顺直；领串口、领面丝缕顺直、里外平薄。

③ 两袖圆顺、吃势均匀，前后适宜，不翻不吊。

④ 胸部丰满、挺括；胸省位置适宜、对称，省缝顺直、平服、左右对称、长短一致。

⑤ 止口平薄、丝缕顺直、下摆圆角窝服、圆顺。

⑥ 袋口顺直、双嵌线宽窄一致，袋角方正、封口清洁，袋位高低进出一致。

⑦ 各部位熨烫平服，无亮光、水花、烫迹、折痕，无油污、水渍，面无线钉、线头。

2.规格尺寸（公差）

① 身长 ±1cm。

② 胸围 ±2cm。

③ 肩宽 ±0.7cm。

④ 袖长 ±0.7cm。

第四节　双排扣枪驳头六粒扣男西装

一、设计说明

双排扣的西装比单排扣的西装具有庄重感，领子做成剑形的枪驳领，两侧大袋采用双嵌线结构。此款六粒扣西装采用加腹省六开身，更具有塑形性、结构严谨，常用作礼服、办公服，作为日常服也很受欢迎。根据流行和个人爱好，也可以采用二粒扣、四粒扣、六粒扣。驳头的长短也会因此而改变。

二、尺寸规格

尺寸规格，如表5-2所示。

表5-2 双排扣枪驳头六粒扣男西装 号型：170/88 单位：cm

部 位	衣 长	胸 围	总肩宽	背 长	袖 长
规 格	76	106	44	44	58.5

三、制图要点

此款男西装的后身和袖子与单排扣的男西装相同。

男西装的内部结构较为稳定，变化主要体现在扣子、驳头和口袋上。双搭门量的设计采用7～8cm，第一粒扣的位置决定驳头的长短。枪驳领和翻领的尺寸配比关系具有相对的稳定性，变化不是很大。也可根据流行和个人爱好适当调整。

四、制图

制图如图5-13所示。

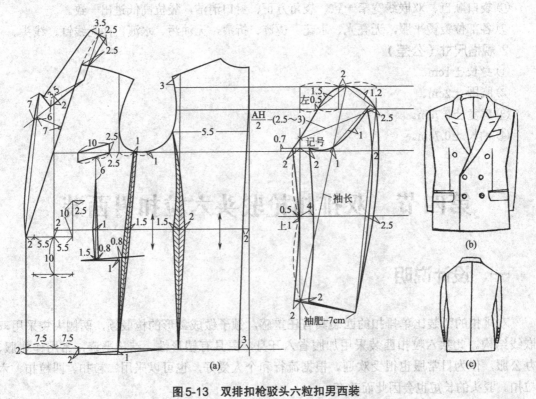

图5-13 双排扣枪驳头六粒扣男西装

第五节　休闲式西装

一、设计说明

休闲类西装的基本结构与正统西装并无多大差别，差别主要在于面料的质地、色彩，在驳领、门襟和扣子等装饰性部位的设计不拘一格，穿着比较轻松随意。休闲西装的口袋均采用贴袋形式。胸部、腰部、臀部的放松量增大，整体宽松，比较适合户外活动。主体结构采用六开身三粒扣设计，领子或贴边也可采用装饰，制作时加明线。

二、尺寸规格

尺寸规格，如表5-3所示。

表5-3　休闲式西装的成品规格　号型：170/88　　　　　　　　　　单位：cm

部　位	衣　长	胸　围	总肩宽	背　长	袖　长
规　格	78	112	47	59	44

三、制图要点

此款袖子可参照二粒扣西装。

由于此款属休闲款，胸围的放松量比原型要加大4～6cm，在放置前后身原型板时，在侧缝加宽3cm+1cm（这1cm的量是为了补充侧缝开剪后的袖窿省的量），袖窿弧线做相似形开深2.5cm。为使休闲西装整体的协调，肩宽做适当加宽的调整。由于采用贴袋，前胸可不做收省处理。扣位及个数可根据流行情况变化，第一粒扣可定在腰围线向上10cm处，也可定在腰围线与胸围线的中间，同时驳头的长度变短。

四、制图

制图如图5-14所示。

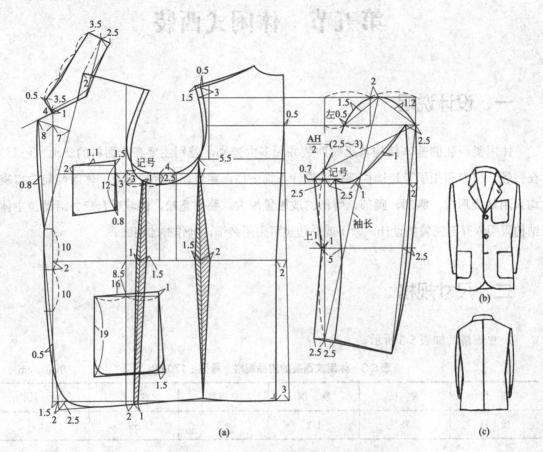

图5-14　休闲式男西装　单位：cm

第六章

男装样板制作

男装样板的制作方法基本上与女装相似，但里料板样稍有不同，推档的档差也有所不同。男装号型系列表中的各部位档差。一般而言，男西服的前领围档差和茄克衫的前领围档差是有差异的。两片西服袖和一片袖的袖肥档差也是不一样的。这和服装造型的结构设计有关。

一、男西裤样板推档

男西裤样板推档，如图6-1所示。

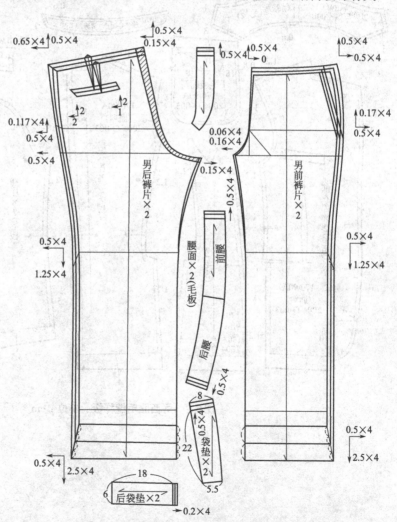

图6-1　男西裤样板推档　单位：cm

二、男西服毛缝样板推档

1.男西服毛缝样板
男西服毛缝样板，如图6-2所示。

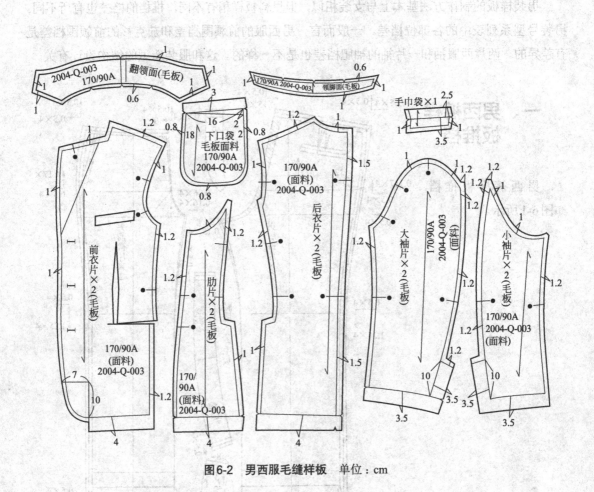

图6-2　男西服毛缝样板　单位：cm

2.男西服推档

男西服推档，如图6-3所示。

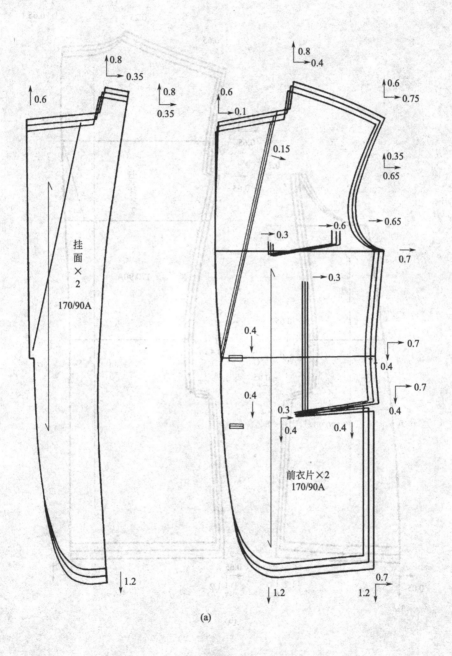

(a)

图6-3

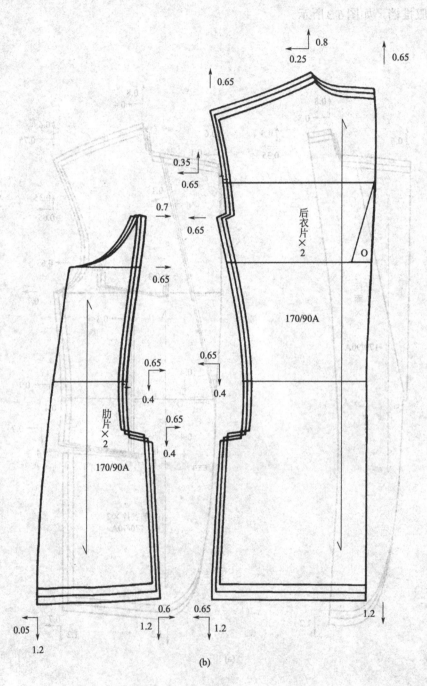

0.8

0.25

0.65

0.65

0.35

0.65

0.7

0.65

后衣片×2

0.65

O

170/90A

0.65

0.65

0.4

0.4

肥片×2

0.65

170/90A

0.4

0.6

0.65

1.2

1.2

1.2

0.05

1.2

(b)

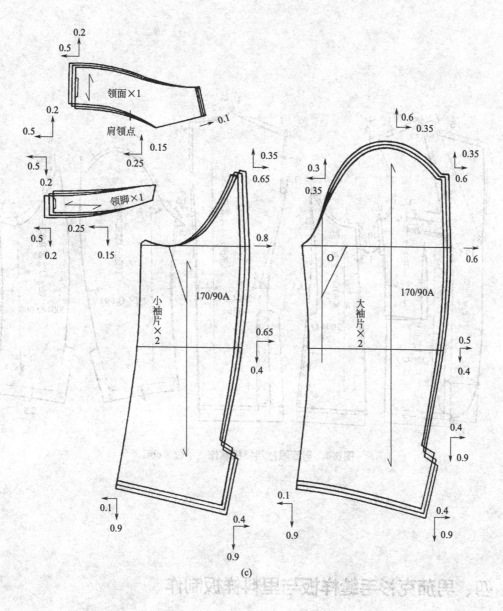

图6-3　男西服推档　单位：cm

三、男西服里料样板制作

男西服里料样板制作，如图6-4所示。

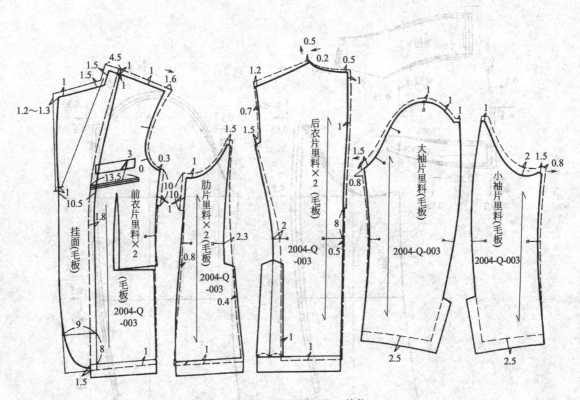

图6-4 男西服里料样板制作 单位：cm

四、男茄克衫毛缝样板与里料样板制作

1.男茄克衫毛缝样板

男茄克衫毛缝样板，如图6-5所示。

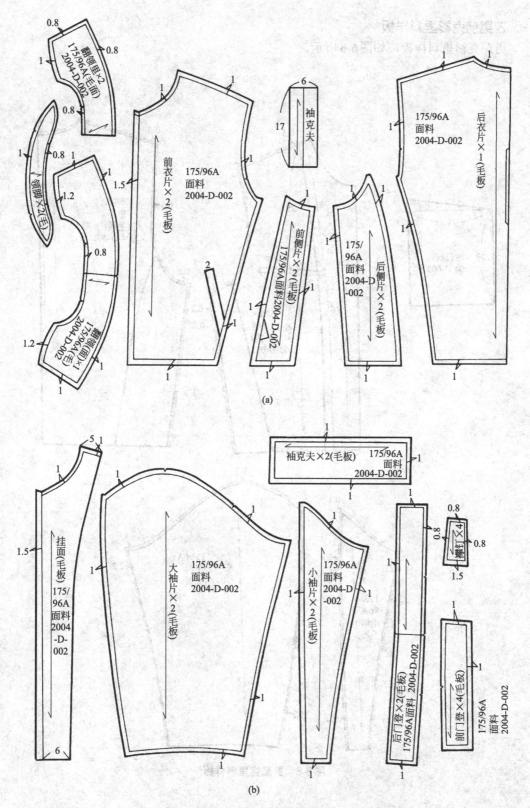

图6-5 男茄克衫毛缝样板

2.男茄克衫里料样板

男茄克衫里料样板，如图6-6所示。

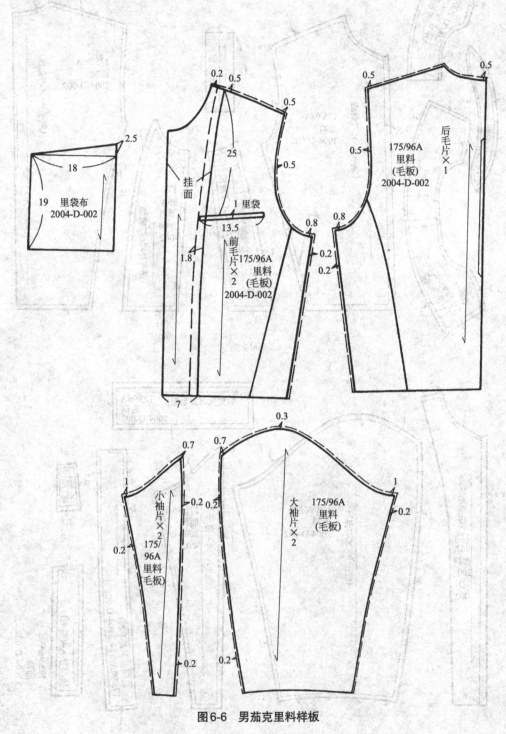

图6-6　男茄克里料样板

五、男茄克衫样板推档

男茄克衫样板推档，如图6-7所示。

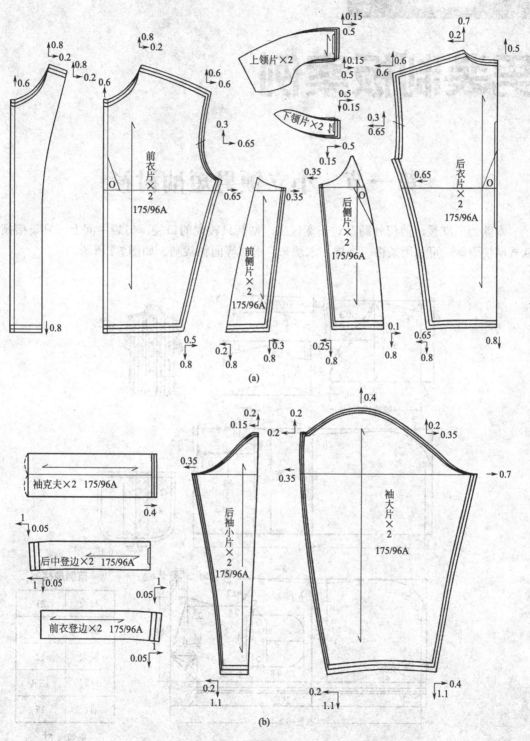

图6-7 男茄克衫样板推档

第七章 CHAPTER 7

男装制板案例

第一节　小立领男短袖衬衫

　　本款为小立领，前门外翻贴边，宽过肩，贴两只较大的口袋，口袋中间上一只暗褶裥，款式明快清新，可选用条格、涤棉、水洗布、棉布等面料裁制。如图7-1所示。

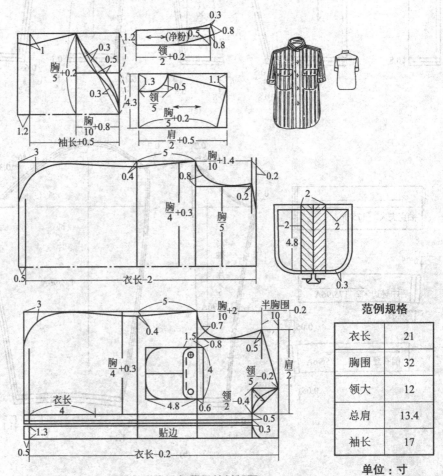

范例规格	
衣长	21
胸围	32
领大	12
总肩	13.4
袖长	17

单位：寸

图7-1　小立领男短袖衬衫图

第二节　小立领男衬衫

　　小立领男衬衫是典型的新潮男夏装，除结构新颖外，还注重了装饰性，在小立领上贴缉装饰领，在袋口上贴缉装饰条，上下排列钉两粒小纽扣，巧妙别致。前门左侧开剪，夹缉一条双层装饰门襟，后衣片作横向开剪缉双明线，摆缝底边开圆角衩。可用尼龙缎、真丝绸等高档面料裁制，如图7-2所示。

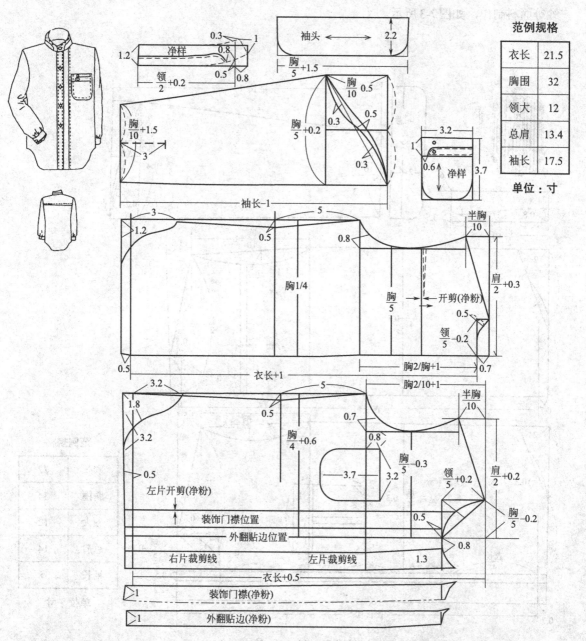

范例规格	
衣长	21.5
胸围	32
领大	12
总肩	13.4
袖长	17.5

单位：寸

图7-2　小立领男衬衫

第三节 宽肩式男衬衫

　　本款为小方领，宽肩式，后片断开剪，贴一个胸袋，胸袋上缉四道塔克，圆形下摆，宽松大方，款式新颖，很受中青年人的喜爱。可用条格及各色的确良、乔其纱、棉布、麻纱等面料制作，如图7-3所示。

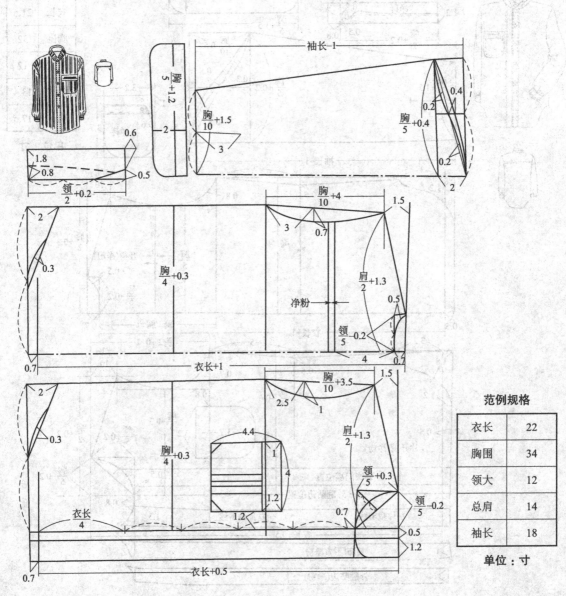

范例规格	
衣长	22
胸围	34
领大	12
总肩	14
袖长	18
单位：寸	

图7-3　宽肩式男衬衫

第四节　立领偏襟长袖衬衫

此衬衫选择绸缎做面料，绸缎类衬衫一段都采取宽松式，面料有垂度感觉，以宽松为主，肩宽尺寸要加大，偏襟形式是男衬衣的新设想，如图7-4所示。

范例规格	
衣长	23
胸围	32
领大	13
总肩	14
袖长	18

单位：寸

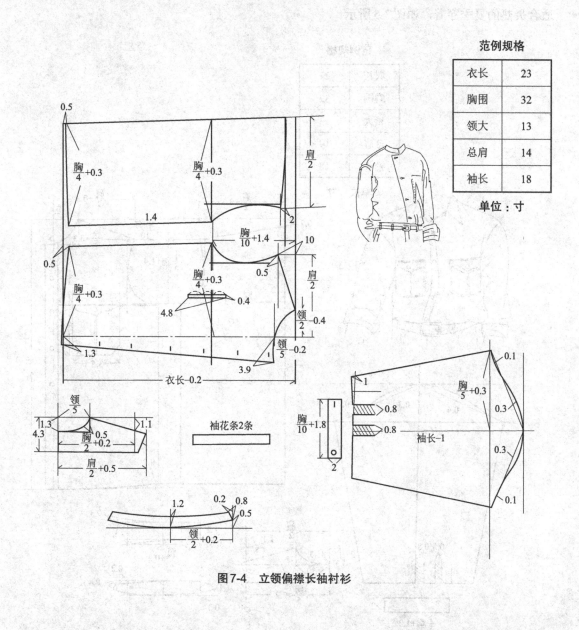

图7-4　立领偏襟长袖衬衫

第五节 双兜棉麻布料衬衫

本款衬衫为双兜夹克衬衫，面料需柔软，后肩需要宽松式，胸袋上缉四道塔克，圆形兜，款式新颖，受青年所喜欢，此款可用丝料或者纯棉布料或者棉麻面料，透气又舒服，适合炎热的夏季穿着，如图7-5所示。

范例规格

衣长	21
胸围	32
领大	13
总肩	14
袖长	18

单位：寸

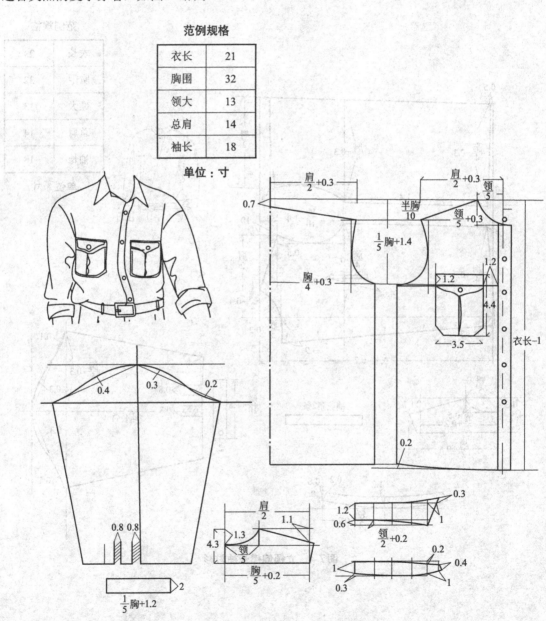

图7-5 双兜棉麻布料衬衫

第六节　明兜牛仔料休闲衬衫

此款夹克衬衫，牛仔面料，衬衣明兜，明门襟底摆圆形，全体缉明线，这种布衬透气，随意。穿着方便，耐磨，男人穿起来显得健壮，如图7-6所示。

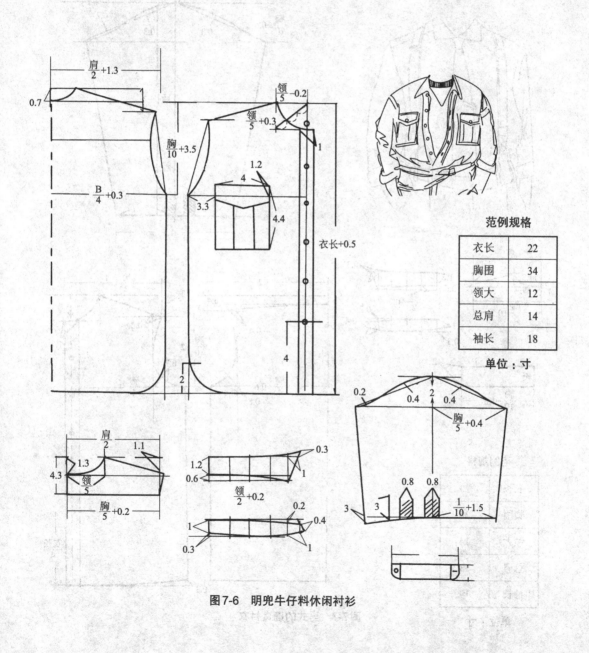

范例规格	
衣长	22
胸围	34
领大	12
总肩	14
袖长	18

单位：寸

图7-6　明兜牛仔料休闲衬衫

第七节　男式的确良衬衣

男式淡粉衬衣为20世纪90年代世界的流行款式，它将领改为平方领，这种设计改变了领的死板，显得活泼高雅，如图7-7所示。

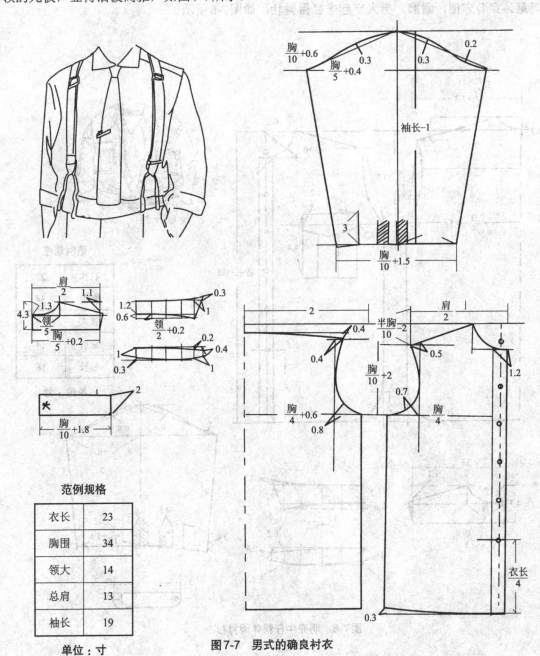

范例规格

衣长	23
胸围	34
领大	14
总肩	13
袖长	19

单位：寸

图7-7　男式的确良衬衣

第八节 罗纹男茄克衫

罗纹茄克衫采用腈纶纹做领子、袖头及腰扎，可采用涤棉府绸、防雨绸等面料裁制，如图7-8所示。

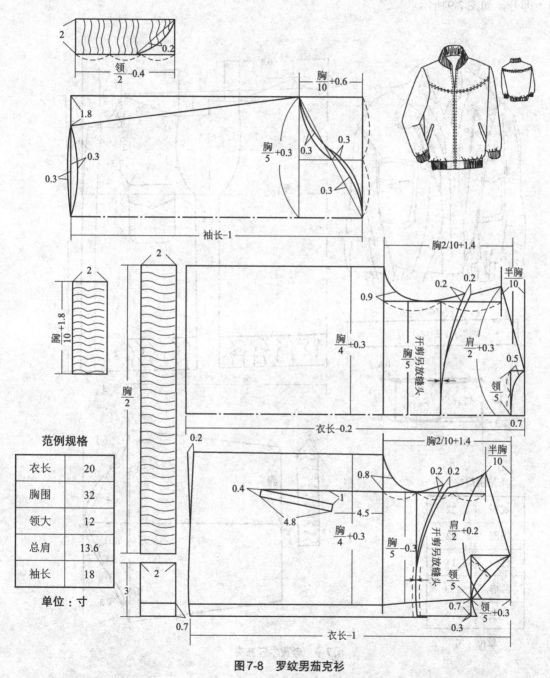

范例规格	
衣长	20
胸围	32
领大	12
总肩	13.6
袖长	18

单位：寸

图7-8 罗纹男茄克衫

第九节　老黄牛仔茄克

　　采用短肥式，底摆、袖口用松紧带收紧，袖窿加大、胸围较一般加大6寸，衣长取腰系稍下即开，如图7-9所示。

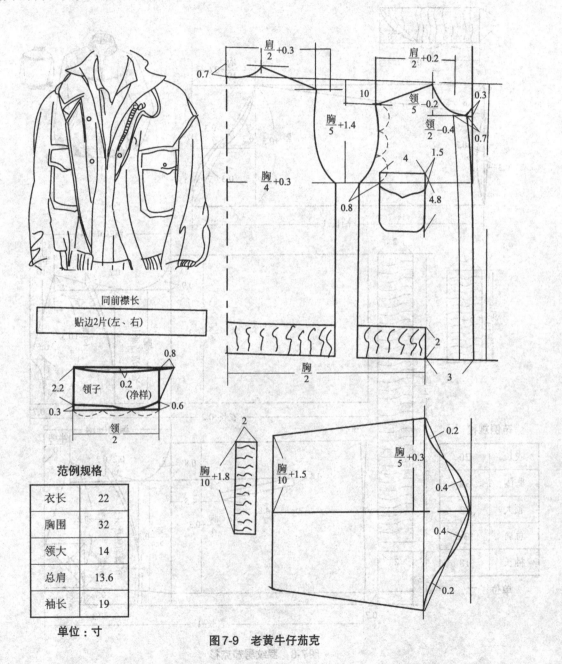

同前襟长

贴边2片(左、右)

领子
(净样)

范例规格

衣长	22
胸围	32
领大	14
总肩	13.6
袖长	19

单位：寸

图7-9　老黄牛仔茄克

第十节　黄色男茄克衫

　　此茄克衫为黄色，黄色本来就是高贵的象征，黄色男茄克衫年轻、高雅。斜插兜袋，腰大直接收紧下摆，袖头斜收势，如图7-10所示。

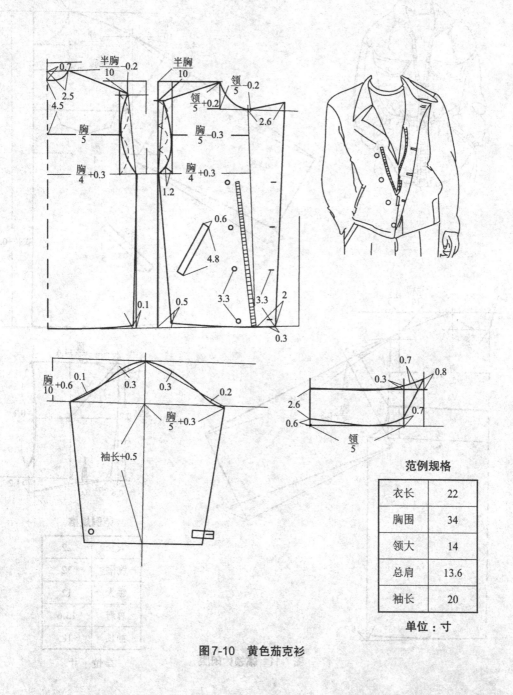

范例规格

衣长	22
胸围	34
领大	14
总肩	13.6
袖长	20

单位：寸

图7-10　黄色茄克衫

第十一节　帽领休闲服

领口道接套帽，腰部、袖口用松紧带收紧。前门襟上拉锁，潇洒大方。袋口、袖窿、前门襟、底摆、后开剪均采取白蓝对比缉明线，鲜有特色，如图7-11所示。

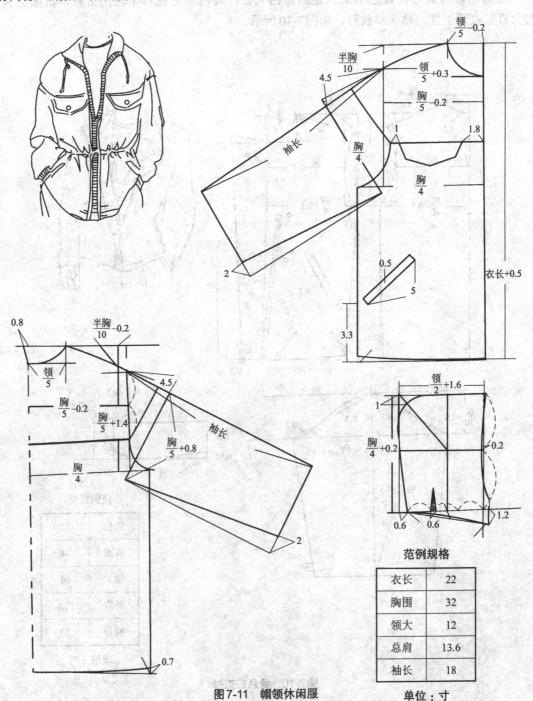

图7-11　帽领休闲服

范例规格

衣长	22
胸围	32
领大	12
总肩	13.6
袖长	18

单位：寸

第十二节　低驳头男茄克衫

本款为低驳口西装领，双排扣，活月克，后片横开剪收褶，袖口和腰扎用罗纹，如图7-12所示。

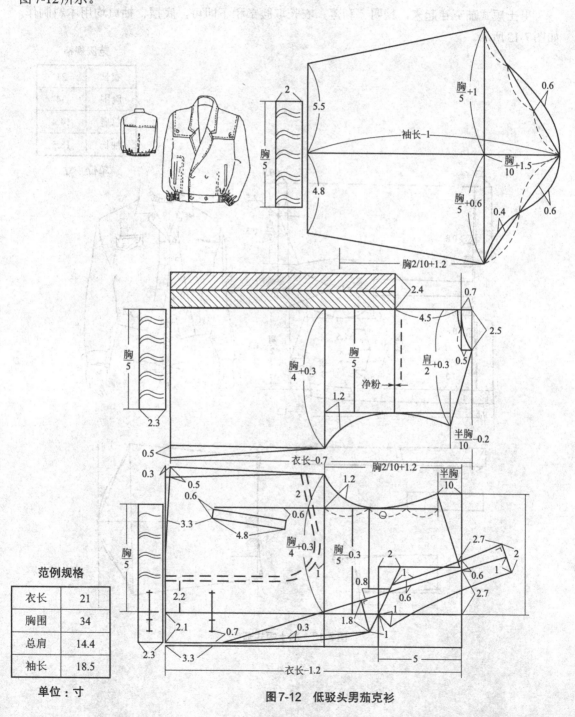

范例规格

衣长	21
胸围	34
总肩	14.4
袖长	18.5

单位：寸

图7-12　低驳头男茄克衫

第十三节　男士短式茄克

　　男士短式茄克穿起来，精明、利落，衣长取腰部稍下即可，底摆、袖口均用本料制作，如图7-13所示。

范例规格	
衣长	21
胸围	34
总肩	14.4
袖长	18.5

单位：寸

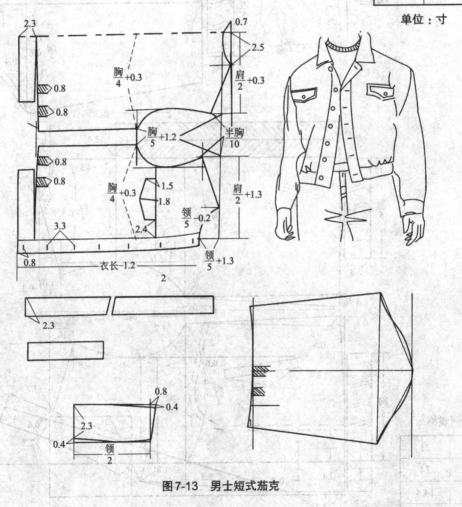

图7-13　男士短式茄克

第十四节　底摆收紧茄克

碎花图案男茄克领围、底摆、袖口均用松紧带收紧，如图7-14所示。

范例规格

衣长	21
胸围	34
总肩	14.4
袖长	18.5

单位：寸

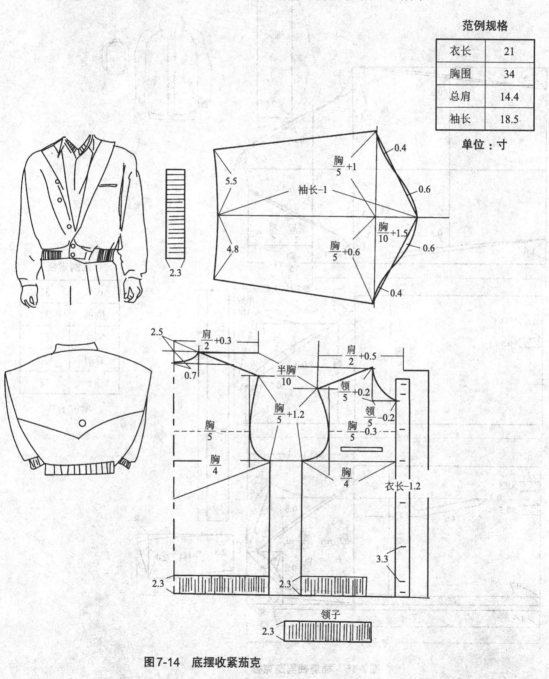

图7-14　底摆收紧茄克

第十五节　插肩袖男茄克衫

插肩袖男茄克衫前门钉拉锁，开两只斜袋，贴门襟，方形领，朴实大方，易做实用，如图7-15所示。

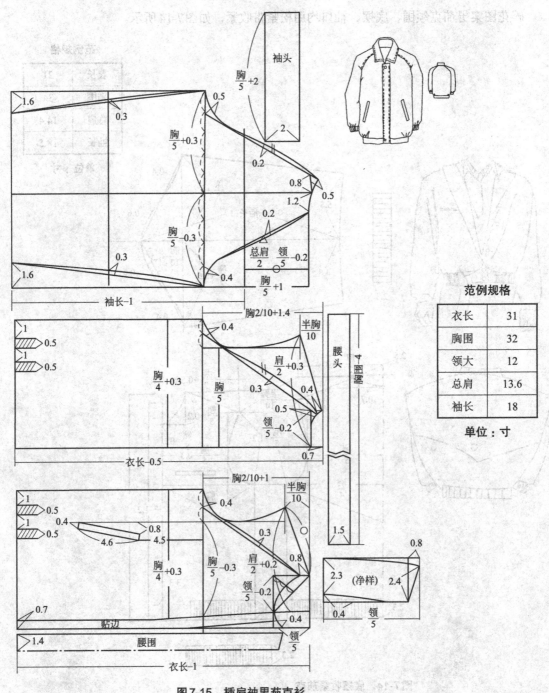

范例规格	
衣长	31
胸围	32
领大	12
总肩	13.6
袖长	18

单位：寸

图7-15　插肩袖男茄克衫

第十六节　男休闲插袖茄克

　　此款为男休闲插袖茄克服，这样的款式随意、宽松，选择面料一般都选择那种质地比较硬质化的纤维材料即可，胸部是开剪的、明兜、缉明线、前开襟上拉锁、底摆用松紧带收紧。

　　这种休闲茄克前后是相同的尺寸，图7-16所示。

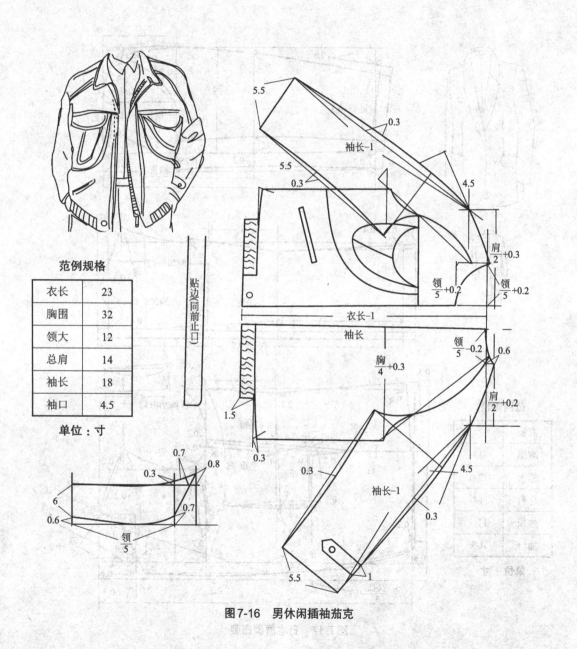

范例规格

衣长	23
胸围	32
领大	12
总肩	14
袖长	18
袖口	4.5

单位：寸

图7-16　男休闲插袖茄克

第十七节　日本原型西装

　　这是一件典型款式的男西装，坡驳头，单排两粒扣，袖口开活衩，前衣片后腰省到底剪开，小肚省（剪开）与前腰省（不剪开）相连，这样可使胸部丰满，前片平服合体，可用毛花呢、牙签呢等高档衣料制作，青年、中老年皆宜，如图7-17所示。

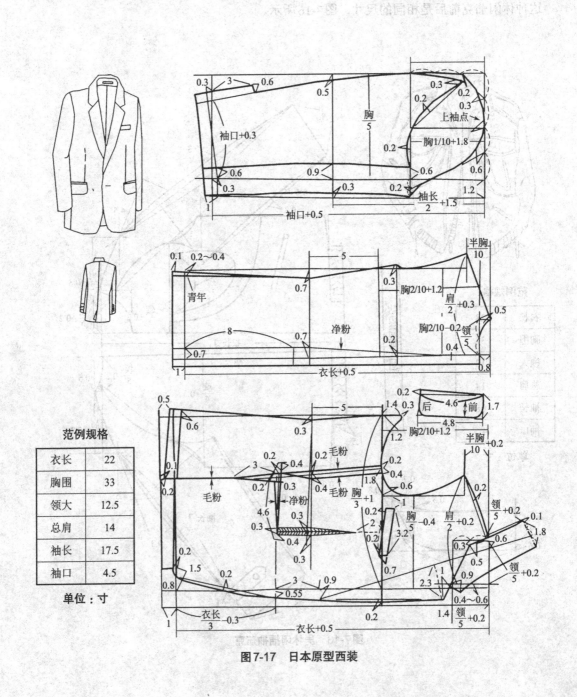

范例规格

衣长	22
胸围	33
领大	12.5
总肩	14
袖长	17.5
袖口	4.5

单位：寸

图7-17　日本原型西装

第十八节　男士三扣西服

三扣西服依然是20世纪流行趋势，驳头宽窄比较受人喜欢。领宽、领深取0.2～0.3寸，如图7-18所示。

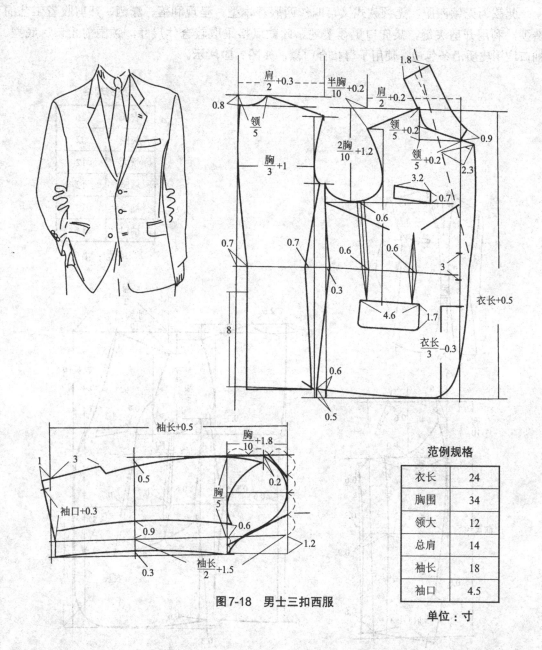

图7-18　男士三扣西服

范例规格

衣长	24
胸围	34
领大	12
总肩	14
袖长	18
袖口	4.5

单位：寸

第十九节　男士无领西服

　　此款为无领西服，无领款式又可叫作西服基本型，呈现利落、潇洒、开剪收省工艺的造型，利用开剪夹缝，袋兜口更显美观。此款风格采取较合体尺寸，领围前止口、底摆、袖口均用皮质沿条包边，使用子母扣合门襟，如图7-19所示。

范例规格	
衣长	20
胸围	32
领大	12
总肩	12
袖长	18
袖口	4.5

单位：寸

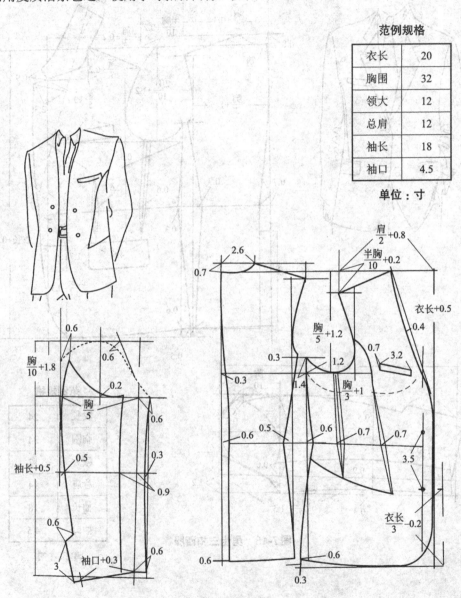

图7-19　男士无领西服

第二十节　男士前开剪西服

前身开剪，使用西服产生活力，又使用斜抻兜，显得随和、文雅，选择窄小反领，显得帅气漂亮。内衬深色衬衣，显得年轻却又不失男子阳刚气质，如图7-20所示。

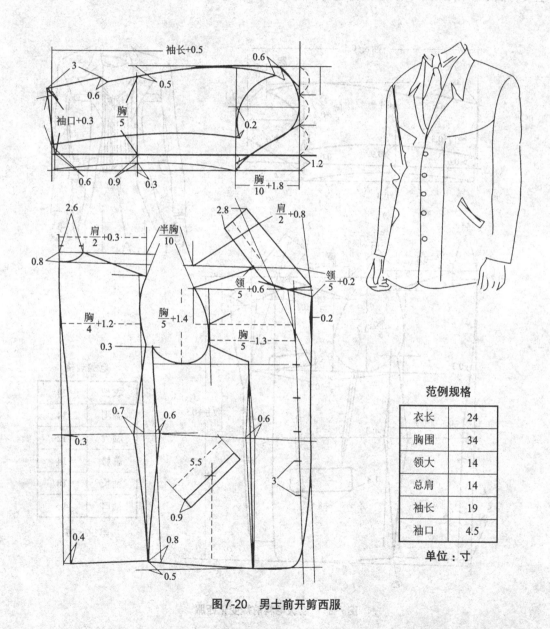

范例规格	
衣长	24
胸围	34
领大	14
总肩	14
袖长	19
袖口	4.5

单位：寸

图7-20　男士前开剪西服

第二十一节 高级毛料前襟变化西服

此款是西服在西服原型的基础上进行了较大的变化，大胆地进行前襟的改变和处理，采用开剪压活襟。手巾口袋位于左右两侧，面料采用高级纯毛料，高温定型，洗后不变型。主要特点：新颖独特、气派。后片也可不开气，驳口宽窄自由改动，如图7-21所示。

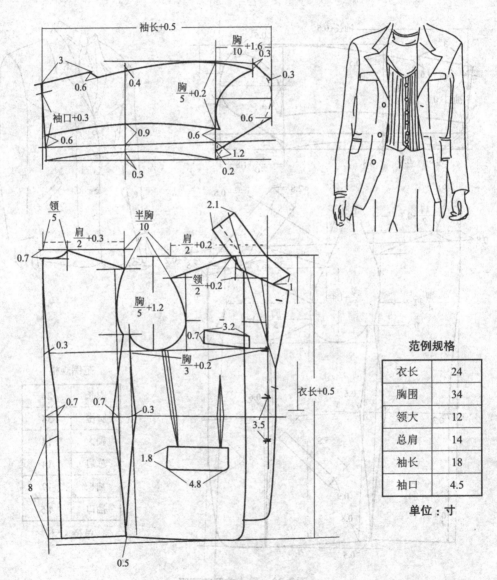

范例规格	
衣长	24
胸围	34
领大	12
总肩	14
袖长	18
袖口	4.5

单位：寸

图7-21 高级毛料前襟变化西服

第二十二节　男士新潮西服

此款西服改变以往传统的西服的古板风格，这种风格看上去不那么古板，会让人看上去轻松随意，具有生气，如图7-22所示。

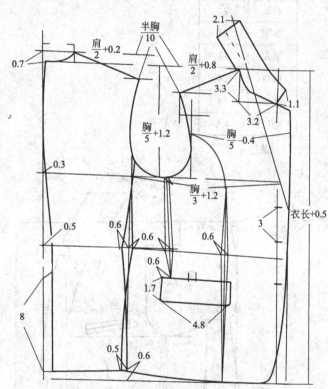

范例规格

衣长	22
胸围	33
领大	12.5
总肩	14
袖长	17.5
袖口	4.5

单位：寸

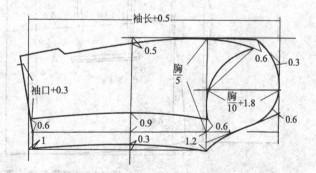

图7-22　男士新潮西服

第二十三节　青果领男士西服

此款为青果领西服，在青果领款式的基础上进行创新，将领口三角处缉明线，别具一格。如图7-23所示。

范例规格

衣长	24
胸围	34
领大	12
总肩	14
袖长	18
袖口	4.5

单位：寸

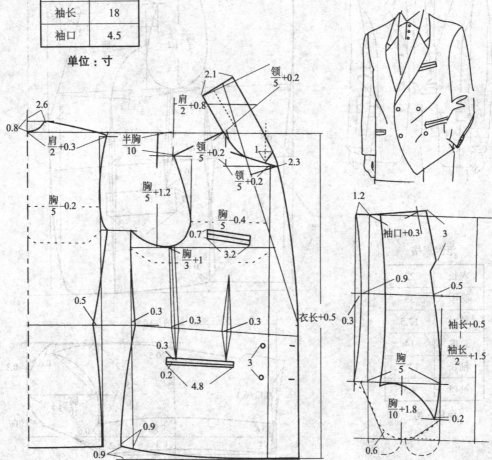

图7-23　青果领男士西服

第二十四节 男西装胸衬和零部件的裁法

男西装胸衬最好用两层（裁法相同），一层树脂衬，一层毛衬（应下水），也可用两层防缩衬。领面用横料（独块），领里用斜料（两块），缝份放多少可根据上领方法不同灵活掌握。耳朵皮用直料，净宽1寸，与挂面相接，如果面料较薄，可把两边扣光，叠缉在里子上。如面料较厚，应剪开里子，把耳朵皮接上，如图7-24所示。

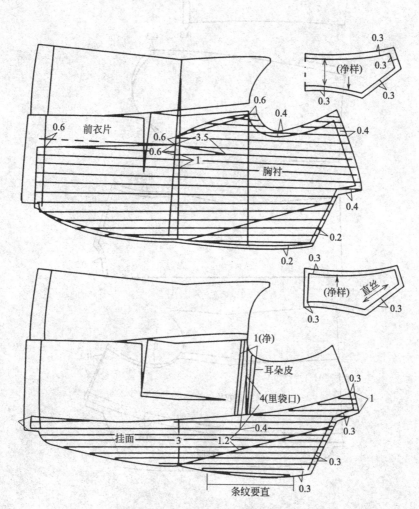

图7-24 男西装胸衬和零部件的裁法

注：耳朵皮用与面料相同的直料，里袋口在耳朵皮上居中。

第二十五节　男西装衬里的裁法

男西装的里子裁法，是依照裁好的面裁剪。

前片里子后腰省可和面一样剪开到底，肚省和前腰省均可不收。与挂面相接处放0.6寸缝份，如图7-25所示。

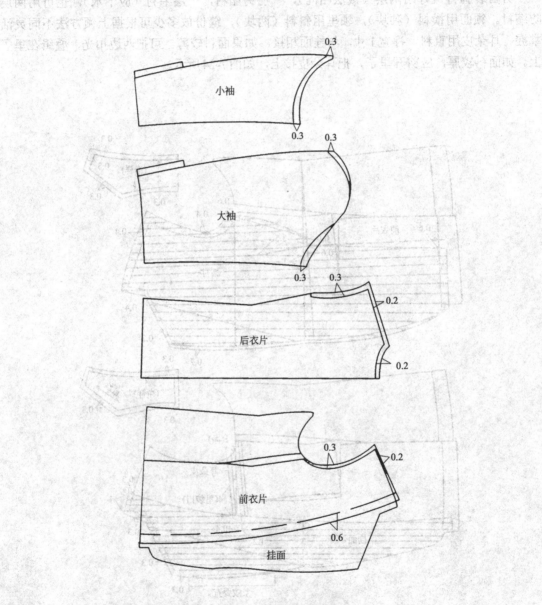

图7-25　男西装衬里的裁法

第二十六节 枪驳头双排扣男西服

本款为枪驳头，双排一粒扣，加三粒装饰扣，开双摆衩，可选用各色纯毛、毛涤华达呢、花呢、牙签呢等精纺呢料制作，黑色最佳，男士们穿上具有绅士风度，如图7-26所示。

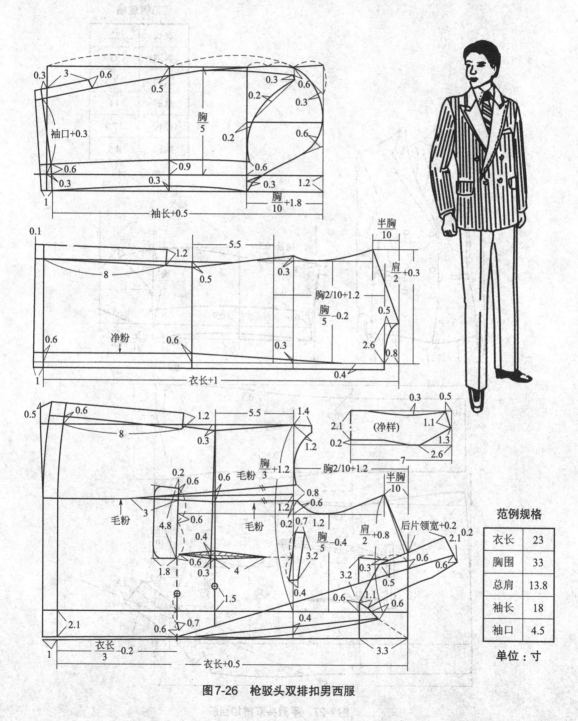

范例规格	
衣长	23
胸围	33
总肩	13.8
袖长	18
袖口	4.5

单位：寸

图7-26 枪驳头双排扣男西服

第二十七节　平驳头双排扣西服

附身式双排扣平驳领款式，男士的严肃风度，驳头宽度主观改定，采用对称口袋方式，如图7-27所示。

范例规格

衣长	22
胸围	33
领大	12.5
总肩	14
袖长	17.5
袖口	4.5

单位：寸

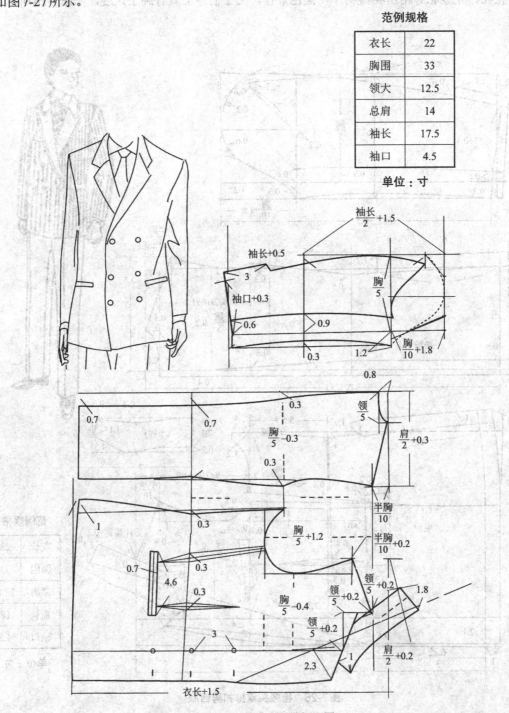

图7-27　平驳头双排扣西服

第二十八节 优雅文静的西装

此款西服类似于女性西服，枪驳头，双排扣。面料采用纯毛料制作，选择深紫色作为面料基色，显得庄重自然，古朴大方，男性穿着显得气派威严，而且也适合于女性穿着，女性穿着显得高贵典雅，属于中性服装。如图7-28所示。

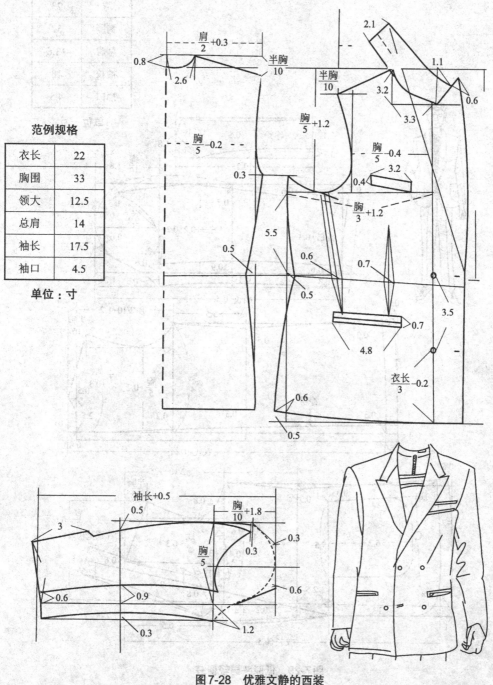

范例规格	
衣长	22
胸围	33
领大	12.5
总肩	14
袖长	17.5
袖口	4.5

单位：寸

图7-28 优雅文静的西装

第二十九节　低驳头男轻便装

本款为低驳口，四开身，贴两个大袋，款式新颖，富有时代感。领大、领口定数即可。宜用各种毛呢、西服呢、化纤面料制作，如图7-29所示。

范例规格

衣	23
胸围	32
总肩	13.6
袖长	18
袖口	4.5

单位：寸

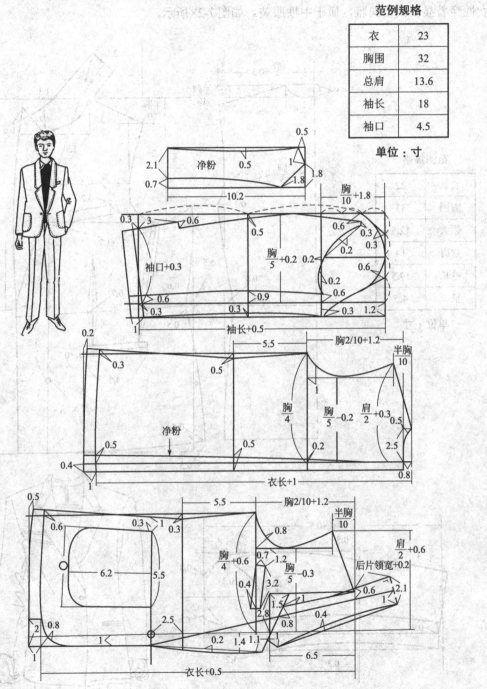

图7-29　低驳头男轻便装

第三十节　一粒扣小翻领西服

本款式为青果领，一粒扣，前片后省到底，款式大方，可用各色粗精纺毛花呢等面料裁制，如图7-30所示。

范例规格	
衣	23
胸围	33
总肩	13.8
袖长	18
袖口	4.5

单位：寸

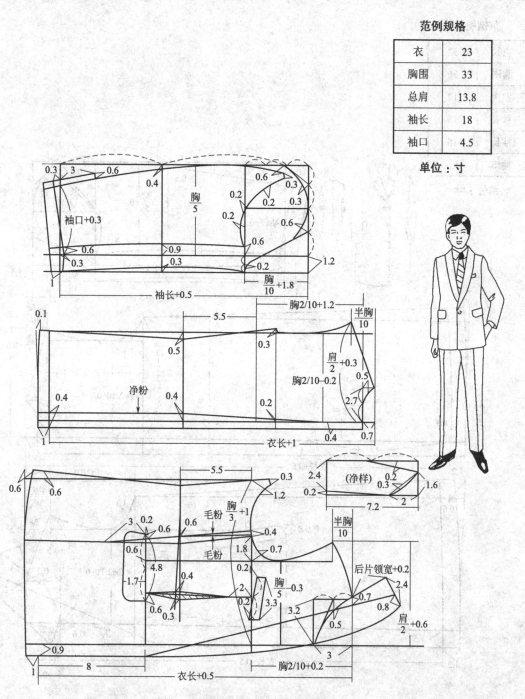

图7-30　青果领男西服

第三十一节　单排扣男呢大衣

本款为单排三粒扣，斜开袋，翻驳领，造型整齐大方，穿着舒适，青年人、中年人和老年人均适宜。可用雪花呢、烤花呢等各种较厚的大衣呢制作，如图7-31所示。

范例规格

衣长	32
胸围	36
领大	14
总肩	15
袖长	19
袖口	5.5

单位：寸

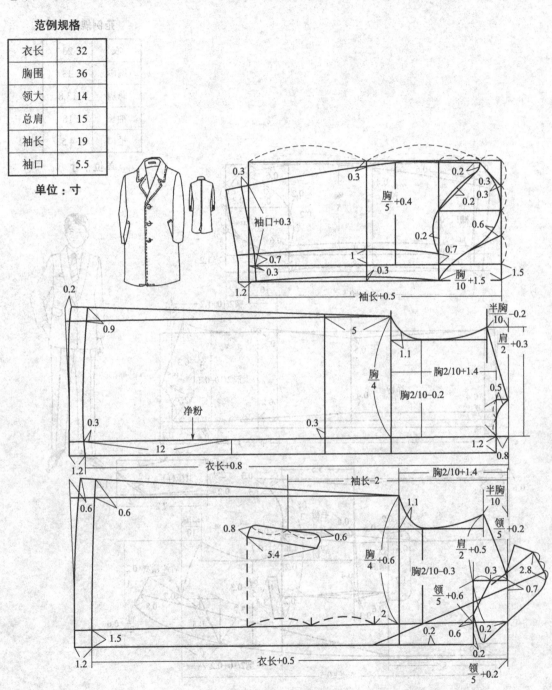

图7-31　单排扣男呢大衣

第三十二节　男士半长风衣

　　半长风衣，大反领式，宽大袖口开气，配扣明口袋点缀。整体肥大，表现雄性健壮，别有魅力，如图7-32所示。

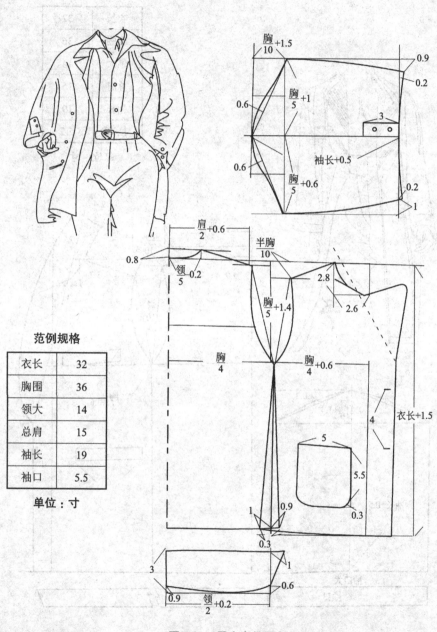

范例规格

衣长	32
胸围	36
领大	14
总肩	15
袖长	19
袖口	5.5

单位：寸

图7-32　男士半长风衣

第三十三节　男士加大风衣

　　胸围较一般加大30厘米，可系腰带，袖口用本料加缝包边，特点体现肥大、舒适。如图7-33所示。

范例规格

衣长	32
胸围	36
领大	14
总肩	15
袖长	19
袖口	5.5

单位：寸

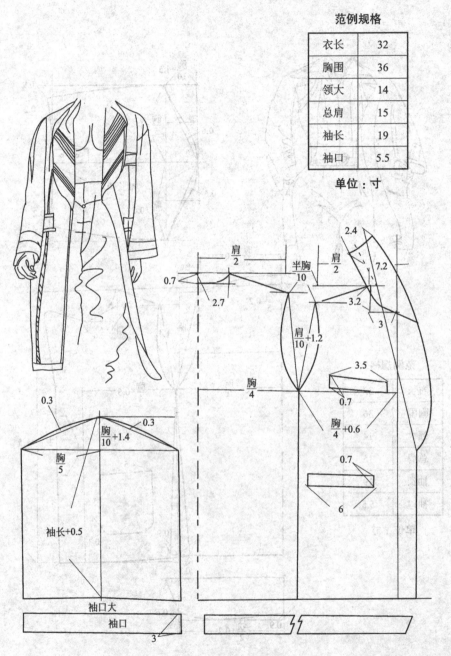

图7-33　男士加大风衣

第三十四节　男士前开剪紧袖口风衣

　　此款风衣缉明线，斜插口袋；为宽松式、小翻领、平驳头。特点是大方简洁，适合白领男士，或者办公室的人士穿着，如图7-34所示。

范例规格

衣长	30
胸围	34
领大	13
总肩	14
袖长	18
袖口	5.6

单位：寸

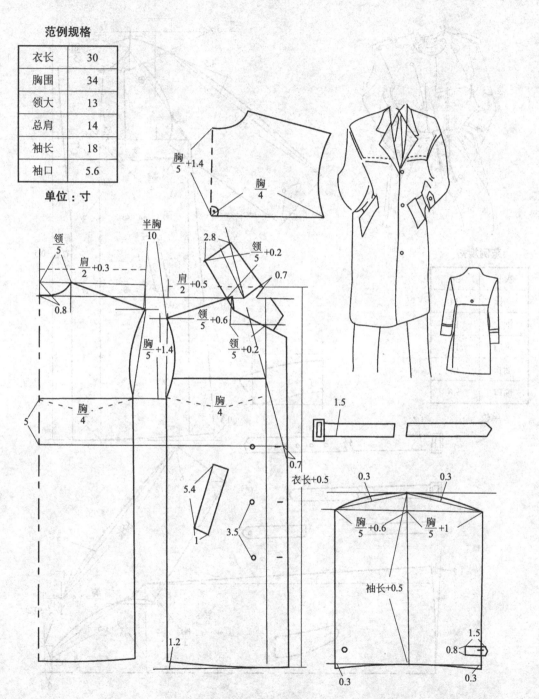

图7-34　男士前开剪紧袖口风衣

第三十五节 时尚休闲男风衣

此款为插肩式男风衣，风衣佩戴腰带，宽松式，双排扣，缉明线，断肩式，前开剪。袖口佩饰袖带，如图7-35所示。

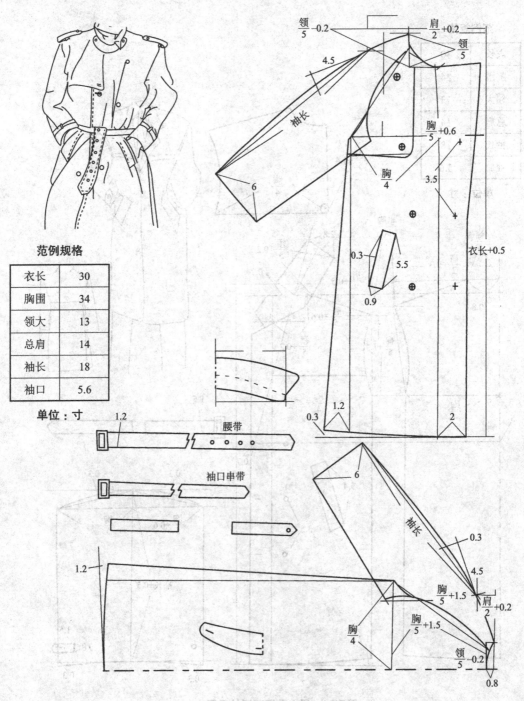

范例规格

衣长	30
胸围	34
领大	13
总肩	14
袖长	18
袖口	5.6

单位：寸

图7-35 腰带式宽松式男风衣

第三十六节　前圆后插男中大衣

　　本款前片为圆装袖，后片为插肩袖，关门领，四粒扣，开两只斜袋，款式新潮，很有特色，宜用各种粗纺毛呢，大衣呢制作。适宜中青年男子穿着，如图7-36所示。

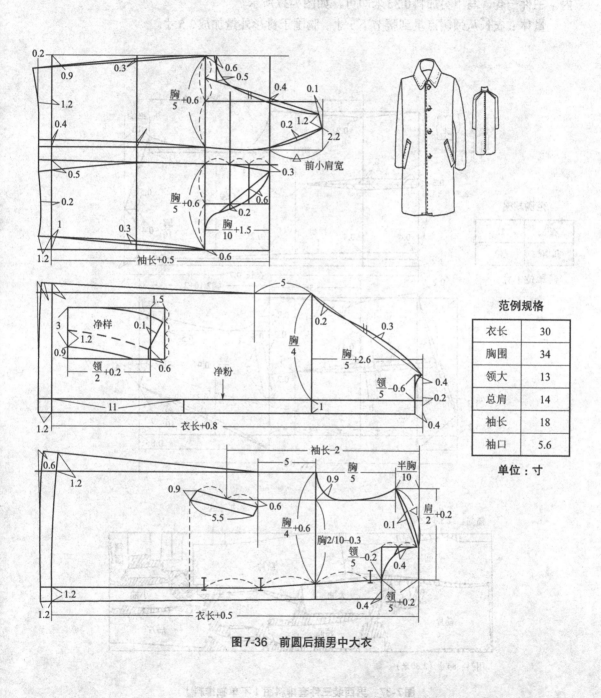

范例规格	
衣长	30
胸围	34
领大	13
总肩	14
袖长	18
袖口	5.6

单位：寸

图7-36　前圆后插男中大衣

第三十七节 男西装马甲

　　男西装马甲单排五粒纽扣，尖形下摆，开四只斜形口袋，摆缝下端可留1.2寸长衩。男西装马甲多数和西服西裤配成三件套，后背一般用里料做，用里料做的活腰带，夹在摆缝内。三件一套，马甲另加料0.35米即可，如图7-37所示。

　　量体：衣长从颈侧点量到腰节下5寸；胸围于衬衫外量加放2.5寸。

范例规格

衣长	18
胸围	32

单位：寸

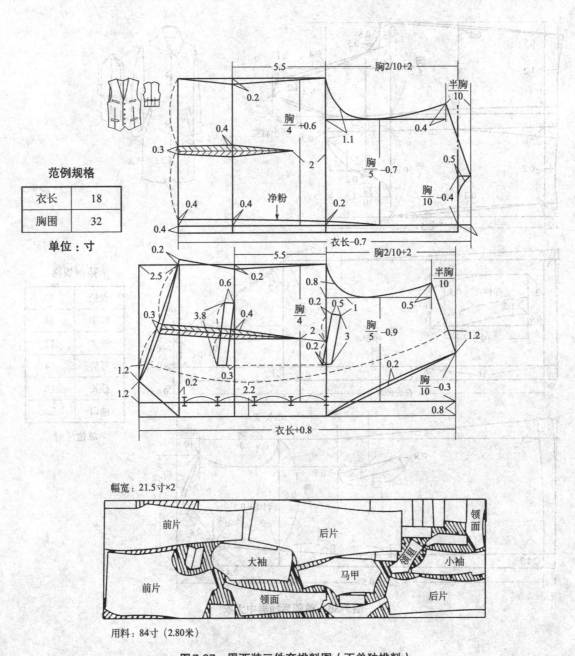

幅宽：21.5寸×2

用料：84寸（2.80米）

图7-37　男西装三件套排料图（不单独排料）

第三十八节 双排扣西服马甲

　　双排扣马甲同本料内衣搭配，明暗含蓄，成为一体。四个兜均用黑色点缀明显，可改变整体线条纵观而使之素中有雅。后背用本料或里料，如图7-38所示。

范例规格	
衣长	19
胸围	36
总肩	13
袖长	18
领大	12

单位：寸

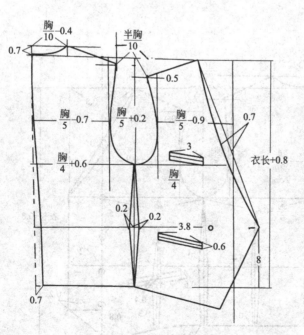

图7-38　双排扣西服马甲

第三十九节 四粒扣西服马甲

四粒扣西服马甲与外套随意搭配备感充实，尤其选择暗图案，风格突出。后背使用本料或者里料，如图7-39所示。

范例规格	
衣长	18
胸围	32
总肩	14
袖长	18
领大	12

单位：寸

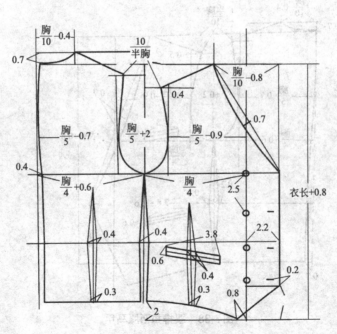

图7-39 四粒扣西服马甲

第四十节　挂链式马甲

挂链式马甲的后背在马甲原型上进行各种变化，采用松紧带连接式，采用肩带式，或者采用卡钩式，如图7-40所示。

范例规格	
衣长	18
胸围	32
总肩	14
袖长	18
领大	12

单位：寸

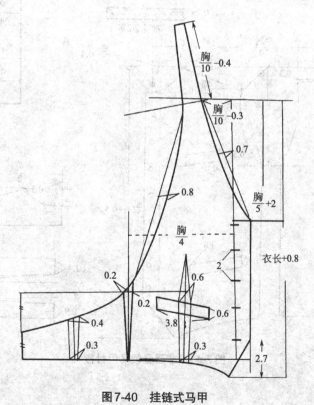

图7-40　挂链式马甲

第四十一节 非西服领马甲衬衫

此款马甲为八粒扣，有袖，并且是小翻领。这款马甲不适合穿在西服里面。因为里面有翻领，外面可穿大衣或者风衣，并且可以穿在衬衫的外面，显得利索精神，而且保暖。此款马甲适合任何的场合，如图7-41所示。

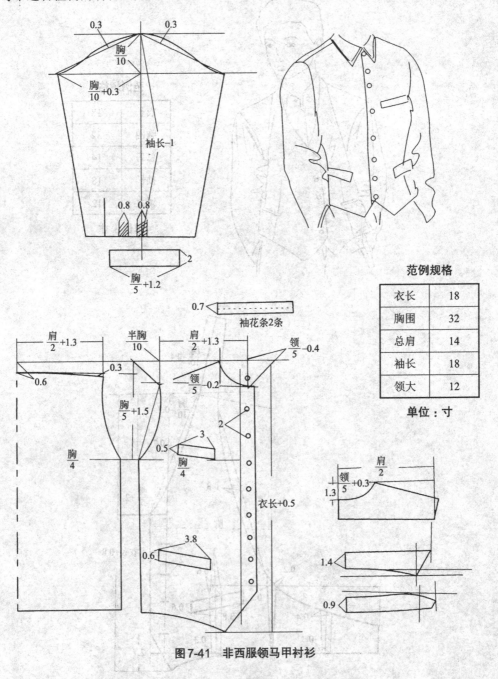

范例规格	
衣长	18
胸围	32
总肩	14
袖长	18
领大	12

单位：寸

图7-41 非西服领马甲衬衫

第八章 特体服装裁剪

CHAPTER 8

常见的特殊体型多种多样，比较典型的有挺胸、驼背、大腹、平肩和溜肩五种。我们分别用q、p、d、T、A五个象形字母来代表这五种体型，如图8-1所示。

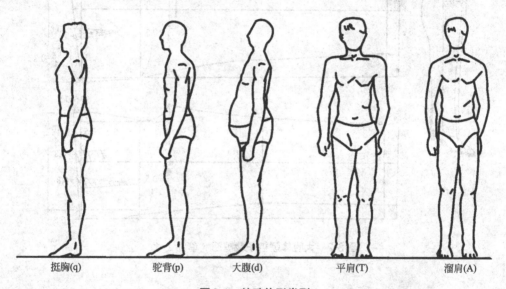

| 挺胸(q) | 驼背(p) | 大腹(d) | 平肩(T) | 溜肩(A) |

图8-1 特殊体形类型

特殊体型的服装裁剪应在比较熟练地掌握正常体型服装裁剪制图的基础上进行。要想把特殊体型服装裁剪得合体，首先应把好量体这一关。对被量者的体型从正面、侧面、背面进行仔细观察，与正常体型进行比较，准确测量和估计不正常特征的程度，以便"对症下药"。

应当指出的一点，如果被量者的体型不正常，特征不是太明显，就不要按特殊体型对待，而以正常体型裁剪。因为服装不但要体现出人体曲线美的特点，而且还应掩饰人体缺陷的作用，例如溜肩体，如果溜肩程度较轻的话，可采取加厚垫肩的措施来弥补，勿须按特殊体裁剪。这样既保证了服装的合体，又达到了美观的目的。

本章主要介绍五种典型特殊体型服装的裁剪方法。

第一节　大腹体型裤子裁剪方法

大腹体型的裤子，主要特征是腹部凸起，腰围加大，腰围、臀围差减小。

大腹体型裤子的剪裁，在正常体型的基础上，主要采取如下三点措施。

① 前后裤片臀肥一样大，都按臀/4+0.5寸计算。

② 在前裆处上部放肥0.3～0.5寸，同时在腰口处相应起翘0.3～0.5寸。

③ 为了满足腰围，前裤片减小活褶，后裤片只收一只省缝。

图8-2所示数据是与正常体型不同的部分，未标明处与正常体裁法相同。

注：前裤片活褶如在0.8寸以下，上一个活褶即可。

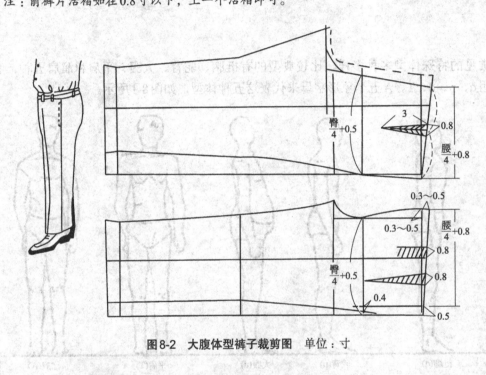

图8-2　大腹体型裤子裁剪图　单位：寸

第二节　特体男上衣裁剪

特殊男上衣以男西服为例，其他款式可参照此例。

一、挺胸（q）

挺胸体男西服裁剪法与正常体型主要不同如下。

① 量体时分别量出前后衣长（以底边平齐为准）。

② 制图时前后衣长各按实量尺寸加0.5寸计算。

③ 前片袖窿加深0.2～0.3寸，后片袖窿减浅0.2～0.3寸。

④ 前片胸宽加大0.1～0.3寸，后片背宽减小0.1～0.3寸。

⑤ 前片撇胸加大0.6～0.8寸。

⑥ 前片起翘加大0.2～0.4寸，后片起翘减小0.1寸。

⑦ 后片落肩减小0.1～0.2寸。

⑧ 袖山中线后移0.2～0.3寸。

⑨ 前袖山弧形胖出0.1寸。

⑩ 后袖山终点降低0.2寸。

其他部位与正常体型相同，如图8-3所示。

注：前后片袖窿深和起翘的数据，应以前后片摆缝长度相等为准，进行适当调整。

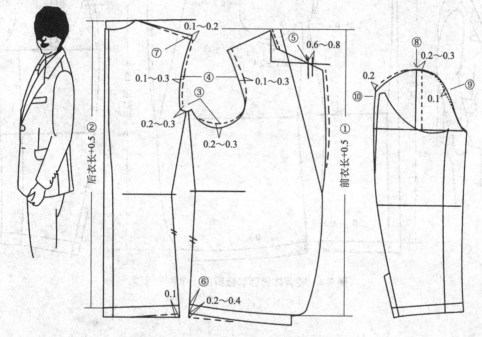

图8-3 挺胸男西服裁剪图 单位：寸

二、驼背（p）

驼背体男西装裁剪与正常体型主要不同如下。

① 量体时分别量出前后衣长（以底边平齐为准）。

② 制图时前后衣片长各按实量尺寸加0.5寸计算。

③ 前片袖窿减浅0.2～0.4寸，后片袖窿加深0.2～0.4寸。

④ 前片胸宽减小0.2～0.4寸，后片背宽加大0.2～0.4寸。

⑤ 前片撇胸减小0.2～0.3寸。

⑥ 前片起翘减小0.2～0.3寸，后片起翘减小0.2～0.4寸。

⑦ 后片坡肩加大0.2～0.3寸。

⑧ 袖山中线前移0.2～0.3寸。

⑨ 前袖山弧形瘦进0.1～0.2寸。

⑩ 后袖山终点提高0.2寸。

其他与正常体型相同，如图8-4所示。

注：前后片袖窿深和起翘的数据，应以前后片摆缝长度相同为准，进行适当调整。

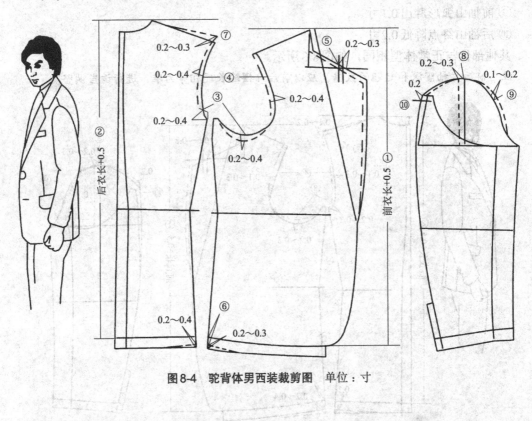

图8-4　驼背体男西装裁剪图　单位：寸

三、平肩（T）、溜肩（A）

（1）平肩（T）　平肩体男西服与正常体型的裁剪方法主要不同如下。

① 减小前后片坡肩0.1～0.2寸。

② 可把垫肩减薄一些。

其余和正常体型裁法相同（包括袖子）如图8-5所示。

（2）溜肩（A）　溜肩体男西服的裁剪方法与正常体型主要不同如下。

① 加大前后片坡肩0.1～0.2寸。

② 可把垫肩加厚些。

其他与正常体型裁法相同（包括袖子）如图8-6所示。

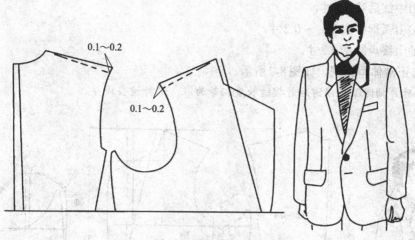

图8-5 平肩体男西装裁剪图 单位：寸

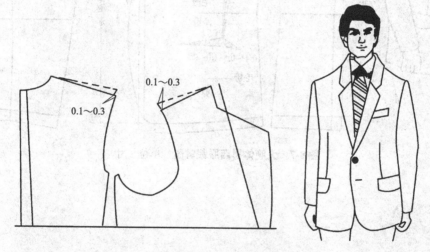

图8-6 溜肩体男西服的裁剪图 单位：寸

四、大腹（d）

大腹体男西服裁剪方法与正常体型主要不同如下。

① 量体时分别量出前后衣长（以底边平齐为准）。

② 制图时前后衣片长各按实量尺寸加0.5寸计算。

③ 前后搭门加大到1.2寸左右，扣眼相应外移。

④ 袖窿收锥形省1寸左右（剪开与肚省相连）。

⑤ 大袋口处收肚省0.4～0.5寸（不剪开，应隐藏在口袋内）。

⑥ 前片胸肥（裉肥）可按胸/3+1.5寸计算（全毛粉）。

⑦ 前片袖窿加深0.2～0.4寸，后片袖窿减浅0.2～0.4寸。

⑧ 袖山中线后移0.2寸。

⑨ 前袖山弧形胖出0.1～0.2寸。

⑩ 后袖山终点降低0.2寸。

其他与正常体型相同，如图8-7所示。

注：前后片袖窿深应以前后片摆缝长度相等为准，进行适当调整。

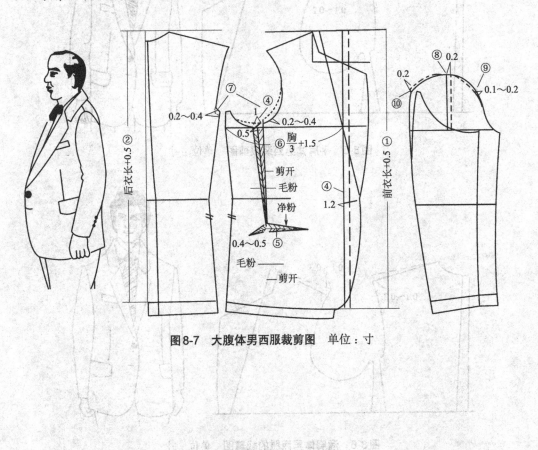

图8-7　大腹体男西服裁剪图　单位：寸

附录

体型	Y							
部位	中间体		5.4系列		5.2系列		身高、胸围、腰围 每增减1cm	
	计算数	采用数	计算数	采用数	计算数	采用数	计算数	采用数
身高	170	170	5	5			1	1
颈椎点高	144.8	145	4.51	4			0.9	0.8
坐姿颈椎点高	66.2	66.5	1.64	2			0.33	0.4
全臂长	55.4	55.5	1.82	1.5			0.36	0.3
腰围高	102.6	103	3.35	3	3.35	3	0.67	0.6
胸围	88	88	4	4			1	1
颈围	36.3	36.4	0.89	1			0.22	0.25
总肩宽	43.6	44	1397	1.2			0.27	0.3
腰围	69.1	70	4	4	3	3	1	1
臀围	87.9	90	2.99	3.2	1.5	1.6	0.75	0.8

男性服装号型各系列分档数值　　　　单位：cm

体型	A							
部位	中间体		5.4系列		5.2系列		身高、胸围、腰围每增减1cm	
	计算数	采用数	计算数	采用数	计算数	采用数	计算数	采用数
身高	170	170	5	5	5	5	1	1
颈椎点高	145.1	145	4.5	4	4		0.9	0.8
坐姿颈椎点高	66.3	66.5	1.86	2			0.37	0.4
全臂长	55.3	55.5	1.71	1.5			0.34	0.3
腰围高	102.3	102.5	3.11	3	3.11	3	0.62	0.6
胸围	88	88	4	4			1	1
颈围	37	36.8	0.98	1			0.25	0.25
总肩宽	43.7	43.6	11.1	1.2			0.29	0.3
腰围	74.1	74	4	4	2	2	1	1
臀围	90.1	90	2.91	3.2	1.5	1	0.73	0.8

体型	B							
部位	中间体		5.4系列		5.2系列		身高、胸围、腰围每增减1cm	
	计算数	采用数	计算数	采用数	计算数	采用数	计算数	采用数
身高	170	170	5	5	5	5	1	1
颈椎点高	145.4	145.5	4.54	4			0.9	0.8
坐姿颈椎点高	66.9	67	2.01	2			0.4	0.4
全臂长	55.3	55.5	1.72	1.5			0.34	0.3
腰围高	101.9	102	2.98	3	2.98	3	0.6	0.6
胸围	92	92	4	4			1	1
颈围	38.2	38.2	1.13	1			0.28	0.25
总肩宽	44.5	44.4	1.13	1.2			0.28	0.3
腰围	82.8	84	4	4	2	2	1	1
臀围	94.1	95	3.04	2.8	1.52	1.4	0.76	0.7

体型	C							
部位	中间体		5.4系列		5.2系列		身高、胸围、腰围每增减1cm	
	计算数	采用数	计算数	采用数	计算数	采用数	计算数	采用数
身高	170	170	5	5	5	5	1	1
颈椎点高	146.1	146	4.57	4			0.91	0.8
坐姿颈椎点高	67.3	67.5	1.98	2			0.4	0.4
全臂长	55.4	55.5	1.84	1.5			0.37	0.3
腰围高	101.6	102	3	3	3	3	0.6	0.6
胸围	96	96	4	4			1	1
颈围	39.5	39.6	1.18	1			0.3	0.25
总肩宽	45.3	45.2	1.18	1.2			0.3	0.3
腰围	92.6	92	4	4	2	2	1	1
臀围	98.1	97	2.91	2.8	1.46	1.4	0.73	0.7

注：（1）身高所对应的高度部位是颈椎点高，坐姿颈椎点高、全臂长、腰围高。

（2）腰围所对应的围度部位是颈围，总肩宽。

（3）腰围所对应的围度部位是臀围。

参 考 文 献

姜立，王东辉. 跟我学打板推板. 沈阳：辽宁科学技术出版社，2001.